U0178546

图文中华美学

酒经

Jiu Jing

【宋】朱肱◎著

吕佳◎译注

人民东方出版传媒
People's Oriental Publishing & Media
东方出版社
The Oriental Press

图书在版编目（CIP）数据

酒经 / (宋) 朱肱 著；吕佳 译注 . — 北京：东方出版社，2023.11
ISBN 978-7-5207-3088-4

Ⅰ . ①酒… Ⅱ . ①朱… ②吕… Ⅲ . ①酒文化 – 中国 – 古代②酿酒 – 方法 – 中国 – 古代 Ⅳ . ① TS971

中国国家版本馆 CIP 数据核字 (2023) 第 171312 号

酒经
（JIUJING）

作　　者：(宋) 朱　肱
译　　注：吕　佳
责任编辑：王夕月
出　　版：东方出版社
发　　行：人民东方出版传媒有限公司
地　　址：北京市东城区朝阳门内大街 166 号
邮　　编：100010
印　　刷：天津旭丰源印刷有限公司
版　　次：2023 年 11 月第 1 版
印　　次：2023 年 11 月第 1 次印刷
开　　本：650 毫米 × 920 毫米　1/16
印　　张：18
字　　数：200 千字
书　　号：ISBN 978-7-5207-3088-4
定　　价：88.00 元
发行电话：(010) 85924663　85924644　85924641

序言

　　中国文化是一个大故事，是中国历史上的大故事，是人类文化史上的大故事。

　　谁要是从宏观上讲这个大故事，他会讲解中国文化的源远流长，讲解它的古老性和长度；他会讲解中国文化的不断再生性和高度创造性，讲解它的高度和深度；他更会讲解中国文化的多元性和包容性，讲解它的宽度和丰富性。

　　讲解中国文化大故事的方式，多种多样，有中国文化通史，也有分门别类的中国文化史。这一类的书很多，想必大家都看到过。

　　现在呈现给读者的这一大套书，叫作"图文中国文化系列丛书"。这套书的最大特点，是有文有图，图文并茂；既精心用优美的文字讲中国文化，又慧眼用精美图像、图画直观中国文化。两者相得益彰，相映生辉。静心阅览这套书，既是读书，又是欣赏绘画。欣赏来自海内外二百余家图书馆、博物馆和艺术馆的图像和图画。

"图文中国文化系列丛书"广泛涵盖了历史上中国文化的各个方面，共有十六个系列：图文古人生活、图文中华美学、图文古人游记、图文中华史学、图文古代名人、图文诸子百家、图文中国哲学、图文传统智慧、图文国学启蒙、图文古代兵书、图文中华医道、图文中华养生、图文古典小说、图文古典诗赋、图文笔记小品、图文评书传奇，全景式地展示中国文化之意境，中国文化之真境，中国文化之善境，中国文化之美境。

这是一套中国文化的大书，又是一套人人可以轻松阅读的经典。

期待爱好中国文化的读者，能从这套"图文中国文化系列丛书"中获得丰富的知识、深层的智慧和审美的愉悦。

王中江

2023 年 7 月 10 日

前言

　　作为一个有着几千年历史的农业古国，中国的酿酒工业和酒文化源远流长。《礼记》中就有对制酒的记载："秫稻必齐，曲糵必时，湛炽必洁，水泉必香，陶器必良，火齐必得。"北魏贾思勰也在《齐民要术》一书中通过"造神曲并酒""白醪曲""笨曲并酒""法酒"等章节对汉代以来的酿酒技术做了专门记叙和总结。

　　到了宋代，酒业经济较以往更为繁荣，酒业的发展也促进了城市酒馆酒水消费市场的快速增长。在酒类产业大发展的前提下，宋人也得以前所未有地释放对于酒的消费热情。与之相应的是，在这一时期，各种关于酒文化和酿酒技术的专著如雨后春笋般涌现。例如陶谷所著《清异录》中的《酒浆》、田锡所著《曲本草》、张能臣所著《酒名记》、何剡所著《酒尔雅》、林洪所著《新丰酒法》、窦苹所著《酒谱》、苏轼所著《东坡酒经》、李保所著《续〈北山酒经〉》和范成大所著《桂海酒志》等，其中朱肱所著《酒经》更是长期以来被视为经典之作，对后世有着深远的影响。

　　《酒经》全书分三卷，共一万五千多字。卷上是全书的总论，总结了历代关于酿酒和制曲的重要理论，概括了酒的起源和发展历史，亦阐述了写作本书的原因。卷中论述了制曲的理论和技术，详细记载了十三种酒曲的配方和制备环节。卷下重点介绍酿酒的一般工艺流程和各种酒的具体酿制方法。卷末附的神仙酒法则包括三种酒的酿造方式和两种酒曲的生产方法。与其他文献典籍不同的是，《酒经》不只是对酒文化进行了概括，还对造曲、制酒方法以及准备、发酵、酿制、储存等工艺环节进行了细致入微的讲述。读者可依其中的方法或是在其基础上稍作改动即可自酿一瓮美酒。应该说，《酒经》不仅是一部关于酒文化的专著，更是一本关于酿酒技术的实用说明书。

为了更深入浅出地讲解这部经典酒书，本版《酒经》特以《知不足斋丛书》所收录之"《酒经三》卷，宋朱肱撰，吴枚庵钞足本"为基础略加删改，并辅注释以展叙铺陈。书中配有两百多幅图画以及一万八千多字的图注，以更详细、更通俗的方式讲述酒的历史、酒的起源、酒的名称、酒器、酒的习俗、酒与文学、酒与诗人、酒与字画、酒令、酒市等趣味知识。

读书如饮酒，请诸君品之！

目录

卷上

卷中

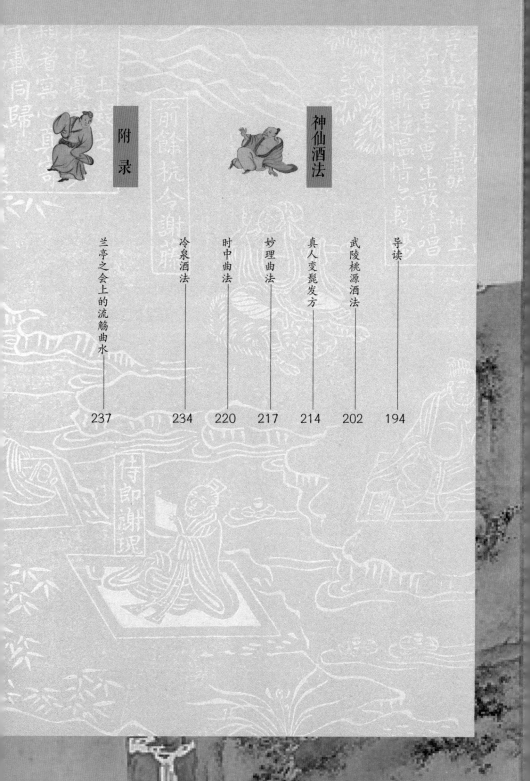

卷上

导读

　　本卷是《酒经》的总论部分。其总结了前人饮酒、制酒、造曲的重要理论，讲述了嵇康、阮籍、刘伶、陶渊明、王绩等因嗜好喝酒而留名后世的风流事迹，探讨了酒在不同背景下的不同作用。在本卷中，朱肱阐释了酒的巨大社会作用以及饮酒无度的晋人的真实内心世界，在他看来，虽然饮酒可以暂时性地忘却烦恼，但无节制的饮酒可能会带来出乎意料的悲惨下场。朱肱并无意夸大酒的万能，但他眼中魏晋诸人借狂饮而避乱世的做派实际上远未将酒的作用推向极致：酒的世界应当是在我们琐碎人生之外的另一个世界，是一个与普通人能够轻易理解和进入的世界相去甚远的地方。酒的内涵深幽奥妙，如果不进一步探索，就无法发现它的真谛，而其中心领神会却又无法言说的东西太多太多。

《禹王治水图》卷

（宋）赵伯驹　收藏于中国台北故宫博物院

帝禹，传说中上古时期夏后氏的首领、夏朝的开国君主，以治水闻名后世。根据《世本》记载："酒之所兴，肇自上皇，成于仪狄。"意思是说，早在上古三皇五帝的时候，就有各种各样的造酒方法流行于民间，是仪狄归纳总结了这些酿酒方法，形成一种新的酿酒方法，并使之流传于后世。

酒之作尚^①矣。仪狄作酒醪，杜康秫酒^②，岂以善酿得名，盖抑始于此耶^③？

【注释】

① 尚：悠久。

② 秫酒：用黏高粱酿的酒。秫，黏高粱。

③ 始于此耶：始于这个时期。

【译文】

酒被发明出来是很久以前的事了。仪狄造酒醪，从杜康开始酿造秫酒。他们岂是因为擅长酿酒而闻名于世的，大概是因为酿酒法最早是他们发明的吧。

玉高粱
选自《百花画谱》 [日]
毛利梅园 收藏于日本
东京国立国会图书馆

高粱一直以来就是酿酒
的原料。根据《说文解
字·巾部·帚》记载："古
者少康初作箕、帚、秫
酒。少康，杜康也，葬长垣。"
在《说文解字·酉部·酒》
中也说："杜康作秫酒。"

酒味甘辛，大热，有毒。虽可忘忧，然能作疾①。所谓腐肠烂胃，溃髓蒸筋。而刘训《养生论》：酒所以醉人者，曲蘖②气之故尔。曲蘖气消，皆化为水。昔先王诰：庶邦庶士"无彝酒"③；又曰"祀兹酒"④，言天之命民作酒，惟祀而已。六彝有舟⑤，所以戒其覆；六尊有罍⑥，所以戒其淫。陶侃剧饮，亦自制其限。后世以酒为浆⑦，不醉反耻⑧，岂知百药之长，黄帝所以治疾耶！

【注释】

① 作疾：致病。

② 曲蘖：酒曲。蘖，发芽的谷物。

③ 无彝酒：不经常饮酒。

④ 祀兹酒：只有祭祀的时候才可以使用这种酒。

⑤ 六彝：六种祭祀用的酒器，即鸡彝、鸟彝、斝彝、黄彝、虎彝和蜼彝。舟：船形酒器。

⑥ 六尊：六种用于注酒的器具。根据《周礼》记载，即牺尊、象尊、著尊、壶尊、太尊和山尊。罍：壶形酒器。

⑦ 浆：古代的一种饮料。

⑧ 不醉反耻：酗酒压根不是一件好事，但现在却以喝醉为荣，而以不醉为耻。出自《诗经·小雅·宾之初筵》："彼醉不臧，不醉反耻。"

【译文】

　　酒的味道辣甜、属于大热之物，有毒。虽然它可以让人们暂时忘记烦恼，但也会导致疾病。正如人们常说的，它会腐烂肠胃、骨髓和肌腱。根据刘训的《养生论》所说，酒之所以能醉人，是因为曲蘖之气，酒会在曲蘖之气消散后彻底化为水。从前，周公曾颁布法令：臣民不得随意饮酒；他还下令，酒只能用于祭祀目的。上天让人们发明酒只是为了祭祀。古代有六种祭祀用的酒器，其中舟形的警告人们不要因为饮酒而翻船；壶形的用来警告人们不要喝太多。晋代的陶侃喜欢喝酒，但对自己也是限量的。后人把酒当汤喝，但如果不喝醉，就会感到羞愧。他们怎么知道酒是所有药物中第一位的，黄帝都用它来治病！

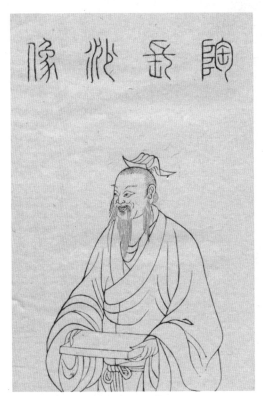

陶侃像
选自《古圣贤像传略》清刊本　（清）顾沅\辑录　（清）孔莲卿\绘
陶侃，晋朝军事家，曾因喝酒留下"孝子约酒"的典故。根据《世说新语·贤媛》注引《侃别传》："侃在武昌，与佐吏从容饮燕，常有饮限。或劝犹可少进，侃凄然良久，曰：'昔年少，曾有酒失，二亲见约，故不敢逾限。'"

诸葛亮像

（近代）张大千

诸葛亮，三国时期著名政治家、军事家。他在《诫子书》中说："夫酒之设，合礼致情，适体归性。礼终而退，此和之至也。主意未殚，宾有余倦，可以致醉，无致迷乱。"酒主要是用于礼仪的，所以饮时一定要适可而止，识体而退。

管仲像

选自《古圣贤像传略》清刊本　（清）顾沅\辑录　（清）孔莲卿\绘

管仲，名夷吾，春秋时期法家代表人物。根据《韩诗外传》记载："齐桓公置酒，令诸大夫曰：后者饮一经程。管仲后，当饮一经程。饮其一半，而弃其半。桓公曰：仲父当饮一经程，而弃之何也？管仲曰：臣闻之，酒入口者舌出，舌出者言失，言失者弃身。与其弃身，不宁弃酒乎？桓公曰：善。"意思是说，管仲应罚酒一杯，但只饮了小半杯，却把大半杯泼在地上。桓公觉得有失面子非常不悦，但还是问管仲此举的原因。管仲十分镇定，讲述到是为处理公事，讲明自己酒量有限，泼酒是为量力而行。如果醉酒失言，招来杀祸，岂不是比泼酒更糟吗？

炎帝耕种、黄帝酝酿

　　古人在农业生产活动中创造了酒，是因为炎帝神农氏种植的小米和其他谷物为酒的酿造提供了原料。

　　按古史传说，神农氏仅能种植黍、稷，而黄帝则能种植多种粮食作物，表明黄帝使当时原始的农业获得了更进一步发展。

炎帝神农氏像

（清）徐扬

神农氏，上古时期姜姓部落的首领，以尝百草闻名于后世。根据《论衡·感虚》中的记载："神农之揉木为耒，教民耕耨。民始食谷，谷始播种。耕田以为土，凿地以为井。"

黄帝像

选自《历代帝王圣贤名臣大儒遗像》册
（清）佚名　收藏于法国国家图书馆

古华夏部落联盟首领，中国远古时代华夏民族的共主。五帝之首。居轩辕之丘，号轩辕氏，建都于有熊，亦称有熊氏。轩辕黄帝的功绩之一是"艺五种"。"五种"，是指"黍、稷、菽、麦、稻"五种谷物。根据《黄帝内经·汤液醪醴论》中的记载："为五谷汤液及醪醴……必以稻米，炊之稻薪，稻米者完，稻薪者坚……此得天地之和，高下之宜，故能至完，伐取得时，故能至坚也。"

大率晋人嗜酒。孔群①作书族人："今年得秫七百斛，不了曲蘖事。"王忱②"三日不饮酒，觉形神不复相亲"。至于刘、殷、嵇、阮③之徒，尤不可一日无此。要之，酣放自肆，托于曲蘖，以逃世网④，未必真得酒中趣尔。古之所谓得全于酒者，正不如此，是知狂药⑤自有妙理，岂特⑥浇其磊磈者耶？五斗先生⑦弃官而归耕于东皋之野，浪游醉乡，没身不返，以谓结绳之政⑧已薄矣。虽黄帝华胥⑨之游，殆未有以过之。由此观之，酒之境界，岂餔歠⑩者所能与知哉？儒学之士如韩愈者，犹不足以知此，反悲醉乡之徒为不遇。

【注释】

① 孔群：晋代名士。根据《世说新语·任诞》记载："鸿胪卿孔群好饮酒，王丞相语云：'卿何为恒饮酒？不见酒家覆瓿布，日月糜烂？'群曰：'不尔，不见糟肉，乃更堪久？'"

② 王忱：晋代名士。根据《世说新语·任诞》引《晋安帝纪》："忱少慕达，好酒，在荆州转甚，一饮或至连日不醒，遂以此死。"根据《文章志》记载："忱嗜酒，醉辄经日，自号上顿。世嗟以大饮为上顿，起自忱也。"

③ 刘、殷、嵇、阮：指魏晋时代的名士刘伶、殷融、嵇康、阮籍。

④ 世网：比喻法律、伦理和道德对社会中人的束缚。

⑤ 狂药：指酒是服用后会让人发疯的药物。

⑥ 岂特：不仅是。浇，"洗"。礧魂：石块。比喻沮丧或愤怒而郁结。

⑦ 五斗先生：唐代诗人王绩，著有《五斗先生传》。

⑧ 结绳之政：指上古时代。上古时期没有文字，通过结绳记事。

⑨ 华胥：传说中的理想国。

⑩ 餔歠：为了就醉。餔，吃。歠，同"啜"，饮。根据《楚辞·渔父》记载："众人皆醉，何不餔其糟而歠其醨。"

【译文】

　　晋朝人大多喜欢饮酒。孔群写信给他的族人："今年收成七百斛秫米，不够用来酿酒。"王忱说："三天不喝酒，身心就感觉会分离。"至于刘伶、殷融、嵇康、阮籍等人，不能一天不喝酒。简而言之，他们纵情于饮酒，沉迷于醉酒，只是为了逃避俗世的束缚，可能并没有真正体验到饮酒的滋味。在古代，能完全理解酒的人并非如此。因为他们知道酒被誉为"狂药"背后蕴含的奇妙道理，不仅仅是能够浇洗人们内心的块垒。王绩之所以辞职回到东皋耕作，沉迷于酒中，从此一去不返，是因为他认为，古老而纯朴的结绳之治已经不复存在。在王绩看来，醉乡的美妙，大概是黄帝梦游的华胥氏之国也比不上的。由此可见，酒的境界并不是那些只知道沉迷于醉酒的人能够理解的。即使是受过良好教育的人，如韩愈等人，也无法理解酒真正的趣味。相反，他们认为那些醉入酒中的人都是由于不得志的缘故。

《竹林七贤图》卷 （清）禹之鼎 收藏于北京故宫博物院

根据《世说新语·任诞》其中的记载："陈留阮籍、谯国嵇康、河内山涛三人年皆相比，康年少亚之。预此契者，沛国刘伶、陈留阮咸、河内向秀、琅琊王戎。七人常集于竹林之下，肆意酣畅，故世谓'竹林七贤'。"

大哉，酒之于世也！礼天地，事鬼神，射乡之饮①，鹿鸣之歌②，宾主百拜，左右秩秩③。上自搢绅④，下逮闾里⑤，诗人墨客，渔父樵夫，无一可以缺此。投闲⑥自放，攘襟露腹⑦，便然⑧酣卧于江湖之上，扶头⑨解酲，忽然而醒。虽道术之士，炼阳消阴⑩，饥肠如筋，而熟谷之液⑪亦不能去，惟胡人禅律⑫，以此为戒。嗜者至于濡首⑬败性，失理伤生，往往屏爵弃卮，焚罍折榼⑭，终身不复知其味者，酒复何过耶？

【注释】

① 射乡之饮：指古代关于饮酒的礼仪。

② 鹿鸣之歌：指与宾客饮宴。出自《诗经·小雅·鹿鸣》"我有旨酒，以燕乐嘉宾之心。"

③ 秩秩：尊敬而有秩序。出自《诗经·小雅·宾之初筵》："宾之初筵，左右秩秩。"

④ 搢绅：士大夫。

⑤ 闾里：里巷是百姓聚集居住的地方，这里指老百姓。

⑥　投闲：到清闲的地方。

⑦　攘襟露腹：把衣襟撩起。

⑧　便然：腹部肥胖的样子。

⑨　扶头：酒醒后又喝一些淡酒以醒酒。解酲：醒酒。

⑩　炼阳消阴：指道家的修炼。

⑪　熟谷之液：酒。

⑫　禅律：禅定与戒律。

⑬　濡首：用酒将头打湿，借指饮酒过度。出自《周易·未济》："饮酒濡首，亦不知节也。"濡，湿，沾湿。

⑭　屏爵弃卮，焚罍折榼：把酒器损坏以达到彻底戒酒的目的。爵、卮、罍、榼等，这些都是古时用于盛酒的器具。

◀ 陆游像
选自《古圣贤像传略》清刊本　（清）顾沅＼辑录　（清）孔莲卿＼绘

陆游比他的前辈们更喜欢喝酒。他饮酒是有讲究的，淡酒不令他满意，也无法疏通他胸口的堵塞。自从决定要戒酒，写诗、散步、赏月和看竹就成了他用来转移注意力的重要活动。

【译文】

　　酒对于人世间的事情有很大的影响啊！敬天地、祭鬼神、射箭饮酒、宴请宾客、宾主互相敬酒、群臣聚会，都是通过酒来实现的。从达官显贵到普通人、诗人、渔民和樵夫，没有人的生活能离开酒。追求内心，放松自己，撩起衣服，露出肚皮，醉醺醺地躺在河流和湖泊边上，醉后再喝，突然醒来。学道的人不吃五谷，肠子细得和筋脉一样，但仍旧离不开五谷制成的液体，也就是酒。只有从西域传入的佛教及其信徒不饮酒。嗜酒者因饮酒而失去理智并伤害身体，其结果往往通过把酒器丢弃或毁坏的方式彻底戒酒。但酒本身有什么错呢？

平居无事，污尊①斗酒，发狂荡②之思，助江山之兴，亦未足以知曲蘖之力、稻米之功。至于流离放逐，秋声暮雨，朝登糟丘，暮游曲封③，御魑魅于烟岚，转炎荒为净土。酒之功力，其近于道耶？与酒游者，死生惊惧交于前而不知，其视穷泰违④顺，特戏事尔。彼饥饿其身，焦劳其思，牛衣⑤发儿女之感，泽畔有可怜之色⑥，又乌足以议此哉！鸱夷丈人以酒为名⑦，含垢受侮，与世浮沉。而彼骚人高自标持⑧，分别黑白，且不足以全身远害，犹以为惟我独醒⑨。

【注释】

① 污尊：根据《礼记·礼运》记载："夫礼之初，始诸饮食。其燔黍捭豚，污尊而抔饮，蒉桴而土鼓，犹若可以致其敬于鬼神。"郑玄注："污尊，凿地为尊也；抔饮，手掬之也"；孔颖达疏："凿地污下而盛酒，故云污尊。"污，原意为小池塘，这里指开挖、挖掘。尊，一种酒器。污尊抔饮，这里的意思是在地上挖坑当作酒尊，用手捧着酒来喝。《盐铁论·散不足》有云："古者污尊抓饮，盖无爵觞樽俎。"

② 狂荡：狂放不羁。

③ 朝登糟丘，暮游曲封：堆积的酒糟之多可以堆成山丘，堆积的酒曲之多可以聚成一大堆。这里的意思是夸张地说酿的酒之多，对于饮酒的沉醉之甚。

④　违：不称心。

⑤　牛衣：盖在牛身上用来御寒的，如蓑衣之类的披盖物。

⑥　泽畔有可怜之色：出自《楚辞·渔父》："屈原既放，
　　游于江潭，行吟泽畔，颜色憔悴。"这里指的是屈原。

⑦　以酒为名：把喝酒当成生命。名，同"命"。

⑧　标持：这里指自负。

⑨　惟我独醒：这里出自屈原的《楚辞·渔父》："举世
　　皆浊我独清，众人皆醉我独醒。"

【译文】

　　在平常清闲无事的生活中，是可以喝喝酒，比一比酒量
的，甚至可以散发一些狂放的想法，这对提高游览的兴致有
帮助，但不足以显示酒的效果。当到了被流放驱逐的境地时，
在秋天悲凉寒冷的雨里，我也不得不从早到晚喝酒，以抵抗
那些隐藏在雾霾中的鬼怪，同时也将这片蛮荒之地变成一片
圣洁纯净的土地。此时，酒的效果难道不与"道"相似吗？
那些与酒相伴的人对死亡和恐惧交替出现而视而不见，对待
贫穷和各种违背心意的事情更是如同儿戏而已。那些为了某
种目的而挨饿、焦虑和疲惫，遇到困难时就发出儿女之悲叹
和流露出难过表情的人，没有资格谈论酒的味道！鸱夷丈人
以酒为命，忍辱受辱，历经世事沧桑。而那些身居高位、分
辨黑白的所谓高人，却无法保护自己远离祸患，还认为只有
自己清醒。

善乎！酒之移人也。惨舒阴阳①，平治②险阻。刚愎③者熏然而慈仁，懦弱者感慨而激烈。陵轹④王公，绐玩⑤妻妾，滑稽不穷，斟酌自如。识量⑥之高，风味之媺⑦，足以还浇薄⑧而发猥琐。岂特此哉？"夙夜在公"（《有駜》），"岂乐饮酒"（《鱼藻》），"酌以大斗"（《行苇》），"不醉无归"（《湛露》）⑨，君臣相遇，播于声诗⑩，未足以语太平之盛。至于黎民休息，日用饮食，祝史⑪无求，"神具醉止"⑫，斯可谓至德之世矣。然则伯伦之颂德⑬，乐天⑭之论功，盖未必有以形容之。夫其道深远，非冥搜不足以发其义；其术精微，非三昧⑮不足以善其事。

【注释】

① 惨舒阴阳：指秋天和冬天让人丧郁，而春天和夏天让人放松。出自《文心雕龙·物色》："春秋代序，阴阳惨舒，物色之动，心亦摇焉。"

② 平治：平息。

③ 刚愎：倔强固执。

④ 陵轹：凌越。

⑤ 绐玩：绐，欺骗。

⑥ 识量：认识与度量。

⑦ 媺：美，善。

⑧ 浇薄：指社会风气浮薄。

⑨　"夙夜在公"几句：《有駜》《鱼藻》《行苇》《湛露》，都是《诗经》中的篇目。

⑩　声诗：乐歌，带有乐器伴奏的歌曲，也通指歌曲。

⑪　祝史：祝官、史官的合称。祝官，古代掌握祭祀、祝祷之事的官员。

⑫　神具醉止：具，通"俱"。

⑬　伯伦：西晋沛国人。颂德：指刘伶《酒德颂》。

⑭　乐天：唐代诗人白居易，有多篇诗文赞美酒功、酒德。

⑮　三昧：佛教用语。这里指摆脱干扰，保持头脑冷静。

【译文】

好啊！酒可以改变人们的气质和心情。正如光明的季节让人感到舒展，阴暗的季节让人感到痛苦不堪，酒也能帮助人们克服障碍和困难。任性彪悍的人喝酒后会变得温柔善良，而软弱的人喝酒之后会变得慷慨激昂。酒能让人鄙视权贵，逗哄妻妾，无穷无尽的幽默言行，出自于斟酌自如之间。高度的洞察力和风格的美感足以让人回归到诚实的氛围中，去除卑微猥琐的内心。不仅如此，《诗经》还说："夙夜在公""岂乐饮酒""酌以大斗""不醉无归"。君臣共饮的快乐与和谐虽然能通过歌声传播，但这不足以显示社会的繁荣。直到老百姓休养生息，日常饮食没有匮乏，祝官、史官们没事可做，甚至连神灵都开始饮醉了，放松了，这才是最太平的天下。酒有如此大的作用，即使有刘伶的《酒德颂》和白居易赞扬酒的功劳的诗句，也无法充分地表达清楚。酒的内涵深幽奥秘，如果不进一步探索，就无法发现它的意义；酿酒技术太微妙和精致了，如果不了解酒中的三昧，就无法酿出好酒。

刘伶像

选自《七贤图》 （宋）钱选 收藏于中国台北故宫博物院

传言说杜康造酒刘伶醉。

白居易像

选自《古圣贤像传略》清刊本 （清）顾沅\辑录 （清）孔莲卿\绘

白居易所著《酒功赞》：晋建威将军刘伯伦，嗜酒，有酒德传颂于世。唐太子宾客白乐天，亦嗜酒，作酒功赞以继之。其词曰：麦曲之英，米泉之精，作合为酒，孕和产灵。孕和者何，浊醪一樽。霜天雪夜，变寒为温。产灵者何，清醒一酌，离人迁客，转忧为乐。纳诸喉舌之内，淳淳泄泄，醍醐沉澄。沃诸心胸之中，熙熙融融。膏泽和风，百虑齐息，时乃之德，万缘皆空。时乃之功，吾尝终日不食，终夜不寝。以思无益，不如且饮。

《酒德颂》
（现代）潘陶

刘伶著有《酒德颂》：有大人先生，以天地为一朝，以万期为须臾，日月为扃牖，八荒为庭衢。行无辙迹，居无室庐，幕天席地，纵意所如。止则操卮执觚，动则挈榼提壶，唯酒是务，焉知其余？

昔唐逸人追述焦革酒法，立祠配享，^①又采自古以来善酒者以为
《谱》。虽其书脱略、卑陋，闻者垂涎，酣适之士口诵而心醉，非酒之
董狐^②，其孰能为之哉？昔人有斋中酒、厅事酒、猥酒，虽匀以曲蘖为之，
而有圣有贤^③，清浊不同。《周官·酒正》："以式法授酒材"，^④辨"五
齐之名"^⑤，"三酒之物"^⑥，岁终"以酒式诛赏"^⑦。《月令》："乃
命大酋。大酋，酒官之长也，秫稻必齐，曲蘖必时，湛炽^⑧必洁，水泉
必香，陶器必良，火齐^⑨必得。"六者尽善，更得醴浆^⑩，则酒人之事
过半矣。《周官·浆人》："掌共王之六饮：水、浆、醴^⑪、凉、医^⑫、
酏^⑬入于酒府^⑭。"而浆最为先。

【注释】

① 唐逸人：指王绩。王绩在官场失意后选择归隐田园。
焦革：唐初人，曾经担任大乐丞署史，善于酿造，被
王绩倾慕。配享，根据《东皋子集序》记载："河渚
东南隅有连沙磐石，地颇显敞，君于其侧遂为杜康立庙，
岁时致祭，以焦革配焉。"

② 董狐：春秋时期晋国史官。古往今来的历史学家都把
他视为耿直刚正的象征。

③ 有圣有贤：根据《三国志·魏书·徐邈传》记载："度
辽将军鲜于辅进曰：平日醉客谓酒清者为圣人，浊者
为贤人，邈性修慎，偶醉言耳。"

④ 《周官》：即《周礼》。在其他文献资料有时也被称作《周官经》。酒正，周代时期负责酒事的官员。式法，酿酒的技术。酒材，造酒所需要的材料。根据《周礼·天官·冢宰》的记载："酒正掌酒之政令，以式法授酒材。凡为公酒者，亦如之。"

⑤ 五齐之名：出自《周礼·天官·冢宰》："辨五齐之名：一曰泛齐，二曰醴齐，三曰盎齐，四曰缇齐，五曰沈齐。"五齐，五种酒的名字。

⑥ 三酒之物：根据《周礼·天官·冢宰》记载："辨三酒之物：一曰事酒，二曰昔酒，三曰清酒。"据郑玄所注《周礼》：事酒，遇到重大事情才拿出来喝的酒；昔酒，平时喝的酒；清酒，祭祀用的酒。

⑦ 岁终：根据《周礼·天官·冢宰》记载："岁终则会，唯王及后之饮酒不会。以酒式诛赏。"酒式诛赏：根据郑玄所注《周礼》："作酒有旧法式。依法善者则赏之，恶者则诛责之。"酒式，造酒的方法。

⑧ 湛炽：根据《礼记》郑玄所注，"湛，渍也；炽，炊也"，"古者获稻而渍米曲，至春而为。"

⑨ 火齐：火候。根据孔颖达所疏《礼记·月令》："火齐必得者，谓炊米和酒之时，用火经齐，生熟必得中也。"

⑩ 醯浆：酒浆。

⑪ 醴：甜酒。

⑫ 医：以粥为原料，通过加曲糵而酿成的甜酒。

⑬ 酏：一种以黍米为原料而酿成的酒。

⑭ 酒府：酒库。

【译文】

唐初，王绩记录了焦革的酿酒方法，并为杜康立祠、以焦革配享，他还收集了自古以来擅长酿酒者经验的《酒谱》。虽然《酒谱》有点粗糙，但听到它的人都垂涎欲滴，喜欢喝酒的人读到嘴里都会陶醉。如果这不是美妙的酒史，谁能写出这样一本书呢？前人称酒为"斋中酒""厅事酒"和"猥酒"。虽然它们都是用曲蘖酿造的，但由于存在清澈和浑浊的不同，由此分出品质的区别。根据《周礼·天官·酒正》记载，负责掌管酒的官员要按照酿酒的方法分配酒料，区分"五齐之名"和"三酒之物"，并在年底根据酿酒方法奖好责坏。根据《礼记·月令》记载："命令大酋造酒：要求必须精心挑选秫稻，在恰当的时候制作酒蘖，在浸泡大米和蒸煮时操作必须保持清洁，泉水必须清澈芳香，陶器必须质量良好，蒸煮温度必须得到适当控制。"考虑到以上六个方面制作而成酒浆，负责酿酒的人的任务才算基本完成。根据《周礼·天官·浆人》记载："浆人掌管着皇室的六种饮料：水、浆、醴、凉、醫、酏，这些都藏在酒库中。"这其中，"浆"是最重要的。

曹丕像
选自《古帝王图》卷 （唐）阎立本\原作 此为摹本 收藏于美国波士顿博物馆
周朝开始设置专门的造酒官，即为大酋。曹丕在《善哉行·之四》"大酋"进行了记载："大酋奉甘醪，狩人献嘉禽。"

古语①有之："空桑秽饭，酝以稷麦，以成醇醪②，酒之始也。"
《说文》："酒白谓之醆③。"醷者，坏饭也；醆者，老④也。饭老即
坏，饭不坏则酒不甜。又曰："乌梅⑤、女麹⑥，甜醺九酘⑦，澄清百品，
酒之终也。"曲之于黍，犹铅之于汞，阴阳相制，变化自然。《春秋纬》⑧
曰"麦，阴也；黍，阳也。先渍曲而投黍，是阳得阴而沸。"后世曲有
用药者，所以治疾也。曲用豆亦佳，神农氏：赤小豆饮汁，愈酒病⑨。
酒有热，得豆为良，但硬薄少蕴藉⑩耳。

【注释】

① 古语：即《酒经》。

② 醇醪，味道醇厚的美酒。

③ 醆：白酒。根据《玉篇·酉部》记载："醆，白酒也。"

④ 老：老旧。

⑤ 乌梅：被熏制过的梅子。

⑥ 女麹：酒曲的一种。麹，用整颗小麦发酵而成的酒曲。

⑦ 甜醺：甜酒。酘：二次酿造的酒。

⑧ 《春秋纬》：汉代时期谶纬学的代表作之一。

⑨ 酒病：由于饮酒过度而导致的疾病。

⑩ 蕴藉：含蓄但不显露。

【译文】

　　根据《酒经》记载："枯空的桑树干里倒上剩饭，然后再把黍麦加入混合，发酵制成酒，这就是酿酒的开始。"根据《说文解字》记载："酒白被称为醙。"醙，意思是腐坏的饭。饭放久了会变质。如果饭不变质发酵，酒就不会甜。《酒经》中还说："要用乌梅和女貌做酒曲，需要多次酿造，经过多次过滤澄清，才能酿造出醇香的酒。"酒曲和黍米的关系就像铅和汞，阴阳相应，自然变化。根据《春秋纬》记载："小麦是阴性的，黍是阳性的。先浸泡小麦，然后将黍米放入其中，这样阴阳就会溶解在一起。"后人用药物来制作曲以治病。用豆子做酒曲也是很好的。神农氏说：喝红豆汁可以治疗饮酒过度而导致的疾病。酒是热性的，加入豆子会让它更平和一些，但酒的味道也变得硬而薄，缺乏回味。

梅子图

选自《花果》册
（清）金农　收藏
于美国纽约大都会
艺术博物馆

青梅原产于中国，根据《尚书·说命下》记载："若作酒醴，尔惟曲蘖；若作和羹，尔惟盐梅。"据考证，在我国，青梅已有三千年的栽培史和七千年以上的利用史。"青梅煮酒论英雄"的故事，就是青梅入酒的最家喻户晓的例证。

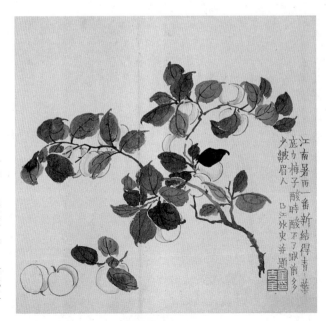

古者玄酒^①在室，醴酒^②在户，醍酒^③在堂，澄酒^④在下。而酒以醇厚为上，饮家须察黍性陈新，天气冷暖。春夏及黍性新软，则先汤而后米，酒人谓之"倒汤"；秋冬及黍性陈硬，则先米而后汤，酒人谓之"正汤"。酝酿须酴米偷酸。投醹偷甜^⑤。淛^⑥人不善偷酸，所以酒熟入灰^⑦；北人不善偷甜，所以饮多令人膈^⑧上懊憹。桓公所谓"青州从事""平原督邮"者^⑨，此也。

【注释】

① 玄酒：祭祀时用的酒。

② 醴酒：甜酒。

③ 醍酒：浅红色的清酒。

④ 澄酒：一种清酒。

⑤ 醹：原意为口感醇厚的酒，此处指酒母。偷甜，根据《酒经·投醹》记载："酸饭极冷，即酒味方辣，所谓偷甜也。"偷，拿。

⑥ 淛：同"浙"。

⑦ 灰：石灰。酒的酸度可以通过加石灰降低。

⑧ 膈：膈膜，位于胸腔和腹腔之间。

⑨ 桓公：此处指桓温，东晋人。青州从事：指代美酒。平原督邮：指代劣酒。

古者玄酒[①]在室，醴酒[②]在户，醍酒[③]在堂，澄酒[④]在下。而酒以醇厚为上，饮家须察黍性陈新，天气冷暖。春夏及黍性新软，则先汤而后米，酒人谓之"倒汤"；秋冬及黍性陈硬，则先米而后汤，酒人谓之"正汤"。酝酿须酴米偷酸。投醹偷甜[⑤]。淛[⑥]人不善偷酸，所以酒熟入灰[⑦]；北人不善偷甜，所以饮多令人膈[⑧]上懊憹。桓公所谓"青州从事""平原督邮"者[⑨]，此也。

【注释】

① 玄酒：祭祀时用的酒。

② 醴酒：甜酒。

③ 醍酒：浅红色的清酒。

④ 澄酒：一种清酒。

⑤ 醹：原意为口感醇厚的酒，此处指酒母。偷甜，根据《酒经·投醹》记载："酸饭极冷，即酒味方辣，所谓偷甜也。"偷，拿。

⑥ 淛：同"浙"。

⑦ 灰：石灰。酒的酸度可以通过加石灰降低。

⑧ 膈：膈膜，位于胸腔和腹腔之间。

⑨ 桓公：此处指桓温，东晋人。青州从事：指代美酒。平原督邮：指代劣酒。

【译文】

在古代，玄酒放在房间里，醴酒放在门边，醍酒放在厅里，澄酒放在走廊里。味道辛辣而醇厚的才是好酒，在酿酒时要观察黍米是新的还是旧的，天气是冷的还是暖的。春天和夏天，黍米又新鲜又柔软，所以应该先放汤，然后放米，这被酿酒师称为"倒汤"；秋冬季节，黍米陈而僵时，要先放米，再加汤，这被酿酒人称为"正汤"。酿造酴米的目的是将酸味分离，多次酿造是为了"偷甜"。南方人不善于分离酸味，所以他们需要在酒熟时加入石灰；北方人不擅长提取甜味，所以他们酿的酒喝太多就觉得心胸郁闷。当时，桓温在叙述这两种酒时，分别用"青州从事""平原督邮"借指。

黍稷图

选自《诗经名物图解》册 ［日］细井徇 收藏于日本东京国立国会图书馆

从上古时期开始，我们的祖先就开始种植黍和稷。同样，黍和稷也是古代最重要的粮食作物。故尔，酿黍稷为酒，就是自然而然的事了。

酒甘易酿，味辛难酝。《释名》："酒者，酉^①也。"酉者，阴中^②也。酉用事而为收。收者，甘也。卯用事^③而为散。散者，辛也。酒之名，以甘辛为义。金木间隔，以土为媒。自酸之甘，自甘之辛，而酒成焉。酴米所以要酸，酘醅所以要甜。所谓以土之甘，合木作酸；以木之酸，合水作辛，然后知酘者所以作辛也。《说文》："酘^④者，再酿也。"张华有"九酝酒"，^⑤《齐民要术·桑落酒》^⑥："有六、七酘者。"酒以酘多为善，要在曲力相及。醲酒所以有韵^⑦者，亦以其再酘故也。过度亦多术，尤忌见日。若太阳出，即酒多不中。后魏贾思勰亦以夜半蒸炊，昧旦^⑧下酿，所谓以阴制阳，其义如此。著水无多少，拌和黍麦，以匀为度。张籍诗"酿酒爱乾和"，^⑨即今人"不入定酒"也，晋人谓之"干榨酒"。大抵用水随其汤黍之大小斟酌之。若酘多，水宽亦不妨。要之，米力胜于曲，曲力胜于水，即善矣。

【注释】

① 酉：农历八月。

② 阴中：根据《汉书·律历志》记载："春为阳中，万物以生；秋为阴中，万物以成。"

③ 卯：农历二月。用事，做事，这里指造酒。

④ 酘：根据《集韵·侯韵》记载："酘，《字林》：重酿也，通作投。"

⑤ 张华：晋代著名诗人。九酝酒，一种美酒。

⑥ 《齐民要术》：北魏贾思勰所写关于农业生产的著作。

⑦ **醑**：一种美酒。韵，香味。

⑧ 昧旦：早晨天还没有亮的时候。

⑨ 张籍诗"酿酒爱乾和"：出自张籍所作《和左司元郎中秋居十首》其二："学书求墨迹，酿酒爱乾和。"张籍，唐代诗人，与王建齐名，并称"张王乐府"。

【译文】

将酒酿出甜味是很容易的，但酿出辛辣味却很难。根据《释名》记载："酒者，酉也。"酉是农历八月。此时酿酒会得甜味，而二月酿酒会得辛辣味。只有将甜味和辛辣味调和在一起的才能被称为酒。酿酒要金木间隔，以土为媒。从酸到甜，再从甜到辣，酒就造得了。这就是酴米取酸、酘醹取甜。以土之甘，合木作酸；以木之酸，合水作辛，多次反复的酿造就是为了酿出酒的辛辣味道。《说文解字》说："酘，再酿也。"张华记有一种名酒叫"九酝酒"。根据《齐民要术·桑落酒》记载："酿酒有时要多达六七次地再酿。"酿造次数越多越好。重要的是，曲力可以保证酒料的充分发酵。酒之所以味道醇厚，是由不断酿造而来。同样的，再酿的时候也要注意细节，尤其是不要晒到太阳。如果酒被暴露在阳光下，就不会酿成。贾思勰同样主张在午夜蒸饭，早晨黎明时发酵，取阴制阳。酿酒时，无论加入多少水，黍米和小麦都要混合均匀。在张籍的诗中，"酿酒爱乾和"就是现在人们所说的"不入定酒"，在晋代称之为"干（乾）榨酒"。一般来说，酿酒的水量应该根据汤黍的量来确定。酿造的次数越多，就应该多加水。简而言之，米力要比曲力强，曲力要比水强，这样才能酿造出好酒。

酒坊 选自《仿宋院本金陵图》卷 （清）杨大章 收藏于中国台北故宫博物院

随着酒文化的兴起，街市上的酒坊多了起来。后世用"青州从事""平原督邮"分别指
代好酒和劣酒。韦庄的《江上题所居》中就有："青州从事来偏熟，泉布先生老渐悭。"

北人不用酵^①，只用刷案水，谓之"信水"^②。然"信水"非酵也，酒人^③以此体候冷暖尔。凡酝不用酵即酒难发，酵来迟则脚^④不正。只用正发，酒醅^⑤最良。不然，则掉取醅面，绞令稍干，和以曲蘖，挂于衡茅^⑥，谓之"干酵"。用酵四时不同，寒即多用，温即减之。酒人冬月用酵紧，用曲少；夏月用曲多，用酵缓。天气极热，置瓮于深屋；冬月温室，多用毡毯围绕之。《语林》^⑦云："抱瓮冬醪"，言冬月酿酒，令人抱瓮，速成而味好。大抵冬月盖覆，即阳气在内，而酒不冻；夏月闭藏，即阴气在内，而酒不动。非深得卯酉出入之义^⑧，孰能知此哉？

【注释】

① 酵：酵母。

② 信水：原意为黄河春汛，这里指刷案水，其能够被用来观测发酵水的温度。

③ 酒人：古代时期负责造酒的官员。这里指酿酒的人。

④ 脚：脚饭。根据《酒经·酴米》记载："酴米，酒母也，今人谓之脚饭。"脚饭是初酿时的底料，同样也是再酿时的酒母。

⑤ 醅：没有经过滤的酒。

⑥ 衡茅：简陋的居室。

⑦ 《语林》：晋代裴启著《裴启语林》。根据《裴启语林·卷五》记载："羊稚舒冬月酿酒，令人抱瓮暖之，须臾复易

其人。酒既速成，味仍嘉美。其骄豪皆此类。"

⑧ 卯酉出入之义：指顺应时节，在恰当的时间酿酒。根据《说文解字》记载："卯，冒也。二月万物冒地而出"；"酉，就也。八月黍成，可为酎酒"；"卯为春门，万物已出；酉为秋门，万物已入。"

【译文】

北方人有时不使用酵母酿造，只用刷案水，也被叫作"信水"。但"信水"并不等同于酵母，酿酒的工人只使用它来测试温度。如果不使用酵母酿造，酒将不会发酵。如果酵母发酵较晚，那么酒曲就不纯正。最好只使用正发的酒醅。否则的话，也可取出醅面，滤干水，与曲蘖混合，挂在屋下晾晒，称为"干酵"。用于酿造的酵量因季节而异，在寒冷时增加，在温暖时减少。在冬季，用酵要快，用的曲多；在夏季，酿酒用曲多，用酵要慢。天气热的时候，把酒瓮放在房间的阴凉处；在冬天，应提高室温，并用毯子覆盖酒坛。《语林》中所说的"抱瓮冬醪"，意思是冬天酿酒时要人抱着酒坛，酒酿造得很快，并且味道很好。一般来说，如果在冬天盖上酒坛，酒瓮中的阳气被封堵，酒就不会受冻；夏天，把酒瓮藏在深屋当中，使酒坛里的阴气不被释放，酒就不会变味。如果对"卯酉出入"的原理没有深入了解，谁能知道酝酿中有这么多奥秘呢？

曹操脸谱

选自《百幅京剧人物图》册 （清）佚名 收藏于美国纽约大都会艺术博物馆

根据《齐民要术·笨曲并酒》中对曹操"九酝法"的记载："魏武常上九酝法，奏曰：臣县故令九酝春酒法：用曲三十斤，流水五石，腊月二日渍曲。正月冻解，用好稻米，漉去曲滓便酿。法引曰：'譬诸虫，虽久多完。'三日一酿，满九石米止。臣得法，酿之常善。其上清，滓亦可饮。若以九酝苦，难饮，增为十酿，易饮不病。"曹操说，自己献给皇帝的九酝法，是从以前的县令那里获取的。每三天下酿一次，下满九斗米就停下来。用这种方法酿出的酒，味道非常好。这样的清酒，是可以和酒糟一起喝的。如果九酝嫌苦，可以增加到十酿，这样味道会甜一些。

《春社醉归图》（局部） （宋）朱锐 收藏于中国台北故宫博物院

《太平广记》中记载了一个用夸张手法写"九酝酒"酒力凶猛的故事："张华既贵，有少时知识来候之。华与共饮九酝酒，为酣畅，其夜醉眠。华常

饮此酒，醉眠后，辄敕左右，转侧至觉。是夕，忘敕之，左右依常时为张公转侧，其友人无人为之。至明，友人犹不起。华咄云：此必死矣。使视之，酒果穿肠流，床下滂沱。"

於戏①！酒之梗概，曲尽于此。若夫心手之间，不传文字，固有父子一法而气味不同，一手自酿而色泽殊绝②，此虽酒人亦不能自知也。

【注释】

① 於戏：吁嚱，感叹词。

② 殊绝：完全不一样。

【译文】

呜呼！我在这里写了所有关于酒的大概情况。至于酿造的技术，却很难用语言表达清楚。即使是父子俩酿造的酒也很难有相同的味道，同一个人酿的酒的颜色也是不太一样。酿酒的奥妙即便是行家里手都不能充分理解。

香药铺

选自《清明上河图》 （宋）张择端 收藏于北京故宫博物院

古代阿拉伯人、波斯人等创造了芳香的药物疗法，用芳香的药用植物治疗疾病和养生。古代中国的香料和药材贸易在隋唐五代时期蓬勃发展。到了宋代，香药得到了广泛的应用，如熏蒸衣物、燃香、饮用用香药制成的药茶等。宋代的宫廷和民间还流行着一种苏和香酒。

卷 中

导读

    本卷中讲述了制曲理论以及各种酒曲制作工艺，并收录了酒曲的配方和制备方法，根据制法不同将其分成"罨曲""风曲""䤖曲"三大类共十三种。

相逢幸遇佳時節
月下花前且把盃

《月下把杯图》　（宋）马远　收藏于天津博物馆

总论

　　凡法曲①，于六月三伏中踏造。先造峭汁②，每瓮用甜水三石五斗，苍耳一百斤，蛇麻、辣蓼各二十斤，剉碎、烂捣，入瓮内，同煎五、七日，天阴至十日。用盆盖覆，每日用杷子③搅两次，滤去滓，以和面。此法本为造曲多处设，要之，不若取自然汁为佳。若只造三五百斤面，取上三物烂捣，入井花水④，裂取自然汁，则酒味辛辣。

　　内法酒库⑤杏仁曲，止是用杏仁⑥研取汁，即酒味醇甜。曲用香药，大抵辛香发散而已。每片可重一斤四两，干时可得一斤。直须实踏，若虚则不中。

【注释】

①　法曲：依照固定方法制作而成的酒曲。

②　峭汁：大规模制曲时预制用以拌合面的溲曲水，以辣蓼、蛇麻、苍耳等为主要原料。

③　杷子：带有木柄竹齿的搅拌工具。

④　井花水：早晨新打的井水。

⑤　法酒库：宋代官署名，负责宫廷里的酿酒事务。根据《宋史·职官志》记载："法酒库、内酒坊，掌以式法授酒材，

视其厚薄之齐，而谨其出纳之政。若造酒以待供进及
祭祀，给赐，则法酒库掌之；凡祭祀，供五齐三酒，
以实尊罍。内酒坊惟造酒，以待余用。"

⑥　杏仁：这里指烘干后的杏仁。

【译文】

　　一般来说，曲饼应该在农历六月的三伏天制作。首先，
制作峭汁，每瓮用三石五斗甜水，百斤苍耳，二十斤蛇麻，
二十斤辣蓼，打烂捣碎，放入瓮中，同时煎五到七天，在阴
天里要煎十天。盖上一个盆，每天用杷子搅拌两次，过滤掉
上面的残渣，和上面粉。这种方法最初是为多方制曲而设计
的。换句话说，最好是取用自然汁。如果只使用三五百斤面，
与苍耳、蛇麻、辣蓼混合，捣碎加入早晨抽取的井水以获得
自然汁，那么酒的味道会更加辛辣。

　　法酒库的杏仁曲只是将杏仁碾碎榨汁，酒的口感更加醇
厚甜美。曲是用香料制成的，主要是为了使香味扩散。每块
曲饼重一斤四两，晒干后可以得到一斤。曲饼必须压紧压实。
如果内部存在中空的话，那么其质量就无法保证。

元稹像
选自《古圣贤像传略》清刊
本　（清）顾沅\辑录　（清）
孔莲卿\绘

元稹在《饮致用神曲酒三十韵》
中提到："七月调神曲，三春
酿绿醅。"根据《齐民要术》
对神曲的记载，神曲是由杏仁、
赤小豆、青蒿、苍耳、红蓼等
打碎和面粉混合后，经过发酵
而成的酒曲，又被称为六神曲。

苍耳

苍耳图
选自《本草图汇》19世纪绘本　佚名　收藏于日本东京大学附属图书馆

蛇麻图

选自《本草图谱》 ［日］岩崎灌园 收藏于日本东京国立国会图书馆

造曲水多则糖心①，水脉②不匀则心内青黑色；伤热则心红，伤冷则发不透而体重。惟是体轻，心内黄白，或上面有花衣③，乃是好曲。自踏造日为始，约一月余日出场子，且于当风处井栏垛起，更候十余日打开，心内无湿处，方于日中曝干。候冷，乃收之。收曲要高燥处，不得近地气及阴润屋舍，盛贮仍防虫鼠、秽污，四十九日后方可用。

【注释】

① 糖心：即溏心，指曲坯内部的糊状物，状态类似糖稀。

② 水脉：水流。

③ 花衣：原意为彩色的衣服，这里指生在曲饼表面的杂色苔衣。

【译文】

在制作曲饼时，添加过多的水会形成溏心，当水流不均匀时，曲饼的心会呈现青黑色；太热的话会呈现红色，而太冷的话则发不透，并且分量上也很沉重。只有当曲饼很轻，内心是黄色的，或者上面有杂色苔衣的时候，这才是好曲。大约需要一个月的时间才能制作好曲饼，将它们堆放在迎风的井栏边缘，等待十多天再打开。如果曲饼中心没有潮湿的地方，就放在阳光下晒干，等天冷了再收走。曲饼应存放在高处干燥的地方，不要靠近潮湿的房子。同时要注意防虫防鼠保持清洁，放到四十九天才能使用。

元好问像

选自《古圣贤像传略》清刊本　（清）顾沅＼辑录　（清）孔莲卿＼绘

金代诗人元好问在《蒲桃酒赋》中提到："我观《酒经》，必曲蘖之中媒。水泉资香洁之助，秋稻取精良之材。效众技之毕前，敢一物之不偕？艰难而出美好，徒酝毒之贻哀。聚工倕之物化，与梓庆之心斋。既以天而合天，故无桎乎灵台。"

顿递祠祭曲

小麦一石，磨白面六十斤，分作两栲栳①，使道人头②、蛇麻、花水③共七升，拌和似麦饭，入下项药：白术二两半，川芎一两，白附子半两，瓜蒂一个，木香一钱半。已上药捣罗为细末，匀在六十斤面内。

道人头十六斤，蛇麻八斤，一名辣母藤，已上草拣择、剉碎、烂捣，用大盆盛新汲水浸，搅拌似蓝淀水浓为度④，只收一斗四升，将前面拌和令匀。

右件⑤药面拌时须干湿得所，不可贪水，"握得聚，扑得散"，是其诀也。便用粗筛隔过，所贵不作块。按令实，用厚复盖之，令暖三、四时辰，水脉匀，或经宿⑥，夜气留润亦佳。方入模子，用布包裹实踏，仍预治净室，无风处安排下场子。先用板隔地气，下铺麦麸⑦约一尺浮，上铺箔，箔上铺曲，看远近用草人子为捺⑧，上用麦麸盖之；又铺箔，箔上又铺曲，依前铺麦麸，四面用麦麸就扎实风道，上面更以黄蒿稀压定。须一日两次觑步体当⑨，发得紧慢。伤热则心红，伤冷则体重。若发得热，周遭麦麸微湿，则减去上面盖者麦麸，并取去四面扎塞，令透风气，约三、两时辰，或半日许，依前盖覆。若发得太热，即再盖，减麦麸令薄。如冷不发，即添麦麸，厚盖催趁之。约发及十余日已来，将曲侧起，两两相对，再如前罨⑩之，蘸瓦日足，然后出草。

【注释】

① 栲栳：圆形的盛物器具，由柳条或竹篾编成。

② 道人头：苍耳。

③ 花水：井花水。

④ 似蓝淀水浓为度：指的是沉淀前的浓蓝淀液。蓝淀，深蓝色的染料。蓝，蓼蓝，可作染料。

⑤ 右件：前边，上面。

⑥ 经宿：过了一晚上。

⑦ 麦麸：麦子的外皮。

⑧ 栔：同"契"，刻，这里指做标记。

⑨ 觑步体当：勘探。

⑩ 罨：覆盖。

【译文】

　　一石小麦磨成六十斤面，分成两箩。总共用七升苍耳、蛇麻和井花水，将它们像麦饭一样混合后，加入以下草药：二两半白术、一两川芎、半两白附子、一个瓜蒂和一钱半木香。将上述草药粉碎并筛成细粉，并将其均匀混合在六十斤的面中。十六斤苍耳，八斤蛇麻，还有一名辣母藤。经过挑选后，将上述物品混合并捣碎，浸泡在一大盆刚打的井水中，搅拌成浓蓝淀液一样的状态，最后收集一斗四升的汁液，并放入六十斤面中搅拌均匀。

　　上面所说的药和面在混合时应干湿适中，不要把水加多了。"用手一握能聚在一起，用手一扑就分散开来"，这是一定要精确把握的程度。接着将药面混合物用粗筛筛过，重要的是不能结块。用手按压药物表面以使其夯实，并用厚的东西覆盖以保持其温暖。三四个小时后，水就会流均匀，或者经过一晚，夜气将其浸润也很好。然后将药面放入模具中，用布包裹，压实，这就是曲饼。这之后准备一个干净的房间，把饼干放在无风的地方。首先，用木头阻挡地气，铺上大约一尺厚的麦麸，然后铺上箔，继续在箔纸上铺上曲饼，在曲饼周围扎上草人以防鸟害。铺好的曲饼用麦麸覆盖，再用箔覆盖，箔上再放曲饼，如此反复。最后和之前一样，用麦麸覆盖，四周漏风的地方也用麦麸压实，然后用黄蒿压住。每天两次仔细检查曲饼的发酵情况。太热的话曲饼心会呈现红色，而太冷的话曲饼会因为其发不透而变得沉重。如果太热，周围的麦麸会稍微潮湿，那么应该减去顶部的麦麸，去除四边的扎塞，让曲饼通风。大约三两个时辰或半天后，再像之前一样盖住。如果天气仍然太热，那就要减少麦麸，使其厚度变薄。如果曲饼在低温下不发酵，就增加麦麸的厚度，促进曲饼发酵。发酵约十天后，将曲饼从一侧抬起，两两相对放置，然后再与之前一样覆盖：无论曲饼是垂直放置还是侧向放置，只要发酵的时间足够长，就制作完成了。

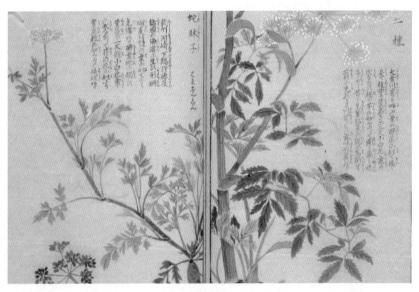

川芎　选自《本草图谱》　[日]岩崎灌园　收藏于日本东京国立国会图书馆

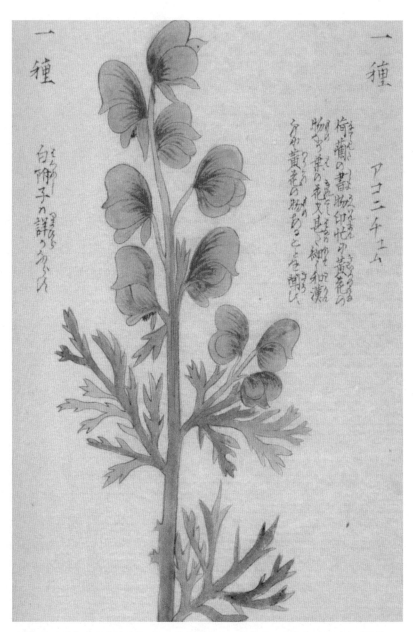

白附子　选自《本草图谱》　［日］岩崎灌园　收藏于日本东京国立国会图书馆

香泉曲

　　白面一百斤，分作三分，共使下项药：川芎七两，白附子半两，白术三两半，瓜蒂二钱。已上药共捣罗为末，用马尾罗筛过，亦分作三分，与前项面一处拌和令匀。每一分用井水八升，其踏罨①与"顿递祠祭法"同。

【注释】

①　踏罨：踏压掩盖。

【译文】

　　一百斤白面分成三份，把下面的草药加在一起：七两川芎，半两白附子，三两半白术，二钱瓜蒂。把这些药材一起捣碎成细粉，然后用马尾罗过筛，也分成三份，与三份白面混合均匀。每份用八升井水继续搅匀，踩压和混合的方法与"顿递祠祭法"相同。

酒馆

选自《清明上河图》 （宋）张择端 收藏于北京故宫博物院

在古代的酒馆中，为了吸引顾客，常常会用一种独特的标识——"酒旗"，这种标识方式别具一格，它们在一定程度上反映出当时的社会文化水平和审美情趣。文人骚客们在酒楼或阁楼的门楣上题写了"匾对"，这些匾额上的诗文充满了诗意和美感；酒店的楼阁与古人留下的"壁题"相得益彰，彰显着各自的文学才华。从建筑，文学，绘画到书法篆刻等多个角度来研究我国传统酒馆，可以看出其中蕴含着丰富而深刻的酒文化内涵。中国酒文化的深厚底蕴在这些古代酒馆文化中得到了生动的展现。

香桂曲

　　每面一百斤，分作五处。

　　木香一两，官桂一两，防风一两，道人头一两，白术一两，杏仁一两。

　　右件为末，将药亦分作五处，拌入面中。次用苍耳二十斤、蛇麻一十五斤，择净、剉碎，入石臼捣烂，入新汲井花水二斗，一处揉如蓝①相似，取汁二斗四升。每一分使汁四升七合，竹蓣落②内一处拌和。其踏罨与"顿递祠祭法"同。

【注释】

①　蓝：指靛蓝，深蓝色的染料。

②　竹蓣落：用竹篾编成的盛器。

官桂图
选自《本草图汇》19世纪绘本　佚名　收藏于日本东京大学附属图书馆

防风图

选自《本草图汇》19世纪绘本　佚名　收藏于日本东京大学附属图书馆

防风：入药用的部位是防风的根。根据《本草纲目·草二·防风》中的记载："防者，御也。其功疗风最要，故名。屏风者，防风隐语也。

【译文】

把一百斤面分成五份。

一两木香，一两官桂，一两防风，一两道人头，一两白术，一两杏仁。

将上面的草药粉碎成细粉，分成五份，并将它们混合到面中。然后将二十斤苍耳和十五斤蛇麻清洗干净并放入研钵中捣碎，再加入两桶新鲜井水，混合在一起搅拌，直到它们像靛蓝溶液一样浓稠，最后过滤出两斗四升的汁液。在之前分好的面粉中每份加入四升七合的汁液，在竹簸箩中混合药物和面粉。踩压和混合的方法与"顿递祠祭法"相同。

玉壶春瓶

玉壶春瓶作为"瓶中三宝之一"，另外两瓶是梅瓶和赏瓶，在器物美学发展史上，它们的造型是最具代表性的。不少瓶类就是以它们的形制作为母本进行延伸创作的。而三种瓶型中，玉壶春瓶最为经典。其清新挺俊的体态以及曼妙的曲线，表现出女性的纤巧和身姿，因此很多收藏家也称它为"女性瓶"。

杏仁曲

　　每面一百斤，使杏仁十二两，去皮、尖，汤浸于砂盆内，研烂如乳酪^①相似。用冷熟水^②二斗四升浸杏仁为汁，分作五处拌面。其踏罨与"顿递祠祭法"同。

　　已上罨曲^③。

【注释】

①　乳酪：牛羊奶制品。

②　冷熟水：凉白开。

③　罨曲：一种酒曲。

【译文】

　　每份面一百斤，用十二两杏仁，去掉皮和尖，用热水浸泡在砂盆里，然后将杏仁磨碎呈如乳酪一样的状态。用二斗四升凉开水浸泡杏仁成汁，然后将其分成五份与面粉混合。踩压和混合的方法与"顿递祠祭法"相同。

　　以上是"罨曲"的制作方法。

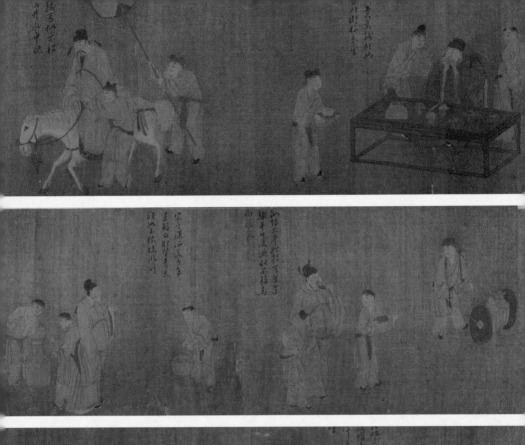

《醉八仙图》

（宋）刘松年／款　收藏于美国纽约大都会
艺术博物馆

瑶泉曲

白面六十斤上甑^①蒸，糯米粉四十斤。

已上粉、面先拌令匀，次入下项药：

白术一两，防风半两，白附子半两，官桂二两，瓜蒂一钱，槟榔半两，胡椒一两，桂花半两，丁香半两，人参一两，天南星半两，茯苓一两，香白芷一两，川芎一两，肉豆蔻一两。

右件药并为细末，与粉、面拌和讫，再入杏仁三斤，去皮、尖，磨细，入井花水一斗八升，调匀，旋洒于前项粉、面内，拌匀；复用粗筛隔过，实踏，用桑叶裹盛于纸袋中，用绳系定，即时挂起，不得积下。仍单行悬之二七日，去桑叶，只是纸袋，两月可收。

【注释】

① 甑：古代用于蒸制的炊具。

【译文】

六十斤白面在甑中蒸熟，再准备四十斤糯米粉。然后将糯米粉和白面混合均匀，再加入以下草药：

一两白术，五钱防风，五钱白附子，二两官桂，一钱瓜蒂，五钱槟榔，一两胡椒，五钱桂花，五钱丁香，一两人参，五钱天南星，一两茯苓，一两香白芷，一两川芎，一两肉豆蔻。将上述草药一起粉碎成细粉，与糯米粉和白面混合后，加入三斤杏仁，去掉外皮和尖，研磨成细粉，然后加入一斗八升井水，混合均匀，立即撒到之前拌好的糯米粉和白面粉中，混合均匀；用粗筛筛好，压牢，用桑叶包裹，装入纸袋中，用绳子绑好，立即悬挂起来不得积压。将它们成排悬挂二到七天，然后去掉桑叶，只留下纸袋，两个月后就可以收起来了。

062

槟榔图
选自《本草图谱》 ［日］岩崎灌园　收藏于日本东京国立国会图书馆

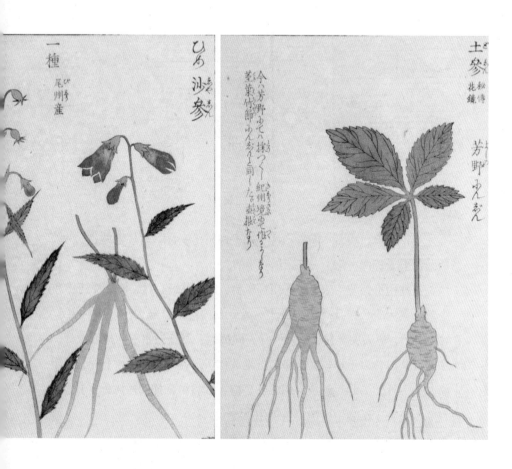

人参图

选自《本草图谱》 ［日］岩崎灌园 收藏于日本东京国立国会图书馆

金波曲

　　木香三两，川芎六两，白术九两，白附子半斤，官桂七两，防风二两，黑附子二两，炮①去皮，瓜蒂半两。

　　右件药都捣罗为末，每料用糯米粉、白面共三百斤，使上件药拌和，令匀。更用杏仁二斤，去皮、尖，入砂盆内烂研，滤去滓。然后用水蓼②一斤、道人头半斤、蛇麻一斤，同捣烂，以新汲水五斗揉取浓汁，和搜入盆内，以手拌匀，于净席上堆放如法。盖覆一宿，次日早辰③用模踏造，堆实为妙。踏成，用谷叶裹盛在纸袋中，挂阁透风处半月，去谷叶。只置于纸袋中，两月方可用。

【注释】

①　炮：烧，烤。

②　水蓼：即辣蓼。

③　早辰：早晨。

【译文】

　　三两木香、六两川芎、九两白术、半斤白附子、七两官桂、二两防风、二两黑附子、将皮燎去，半两瓜蒂。

　　将香药碾碎，筛成细粉，每份香料都用总计三百斤的糯米粉和白面调匀。另取两斤杏仁，去掉外皮和尖，加入砂盆中磨碎，滤去渣滓。然后将一斤水蓼、半斤道人头、一斤蛇麻捣碎在一起，用五斗新鲜井水揉取浓汁。再将所有曲料放入盆中，用手搅拌均匀，按要求堆放在干净的垫子上。将曲饼盖上过夜，第二天早上用模具按压，压实为好。曲饼压好后，用谷叶包裹装在纸袋里，挂在通风的地方。半个月后移除谷叶，只用纸袋装盛，两个月后才能使用。

酒馆

选自《清明上河图》 （宋）张择端 收藏于北京故宫博物院

《清明上河图》中虽然酒肆很多，但从图中我们可以看到坐在一起喝酒的人没超过三个人，这是宋朝的规章制度，史书中记载："汉律，三人以上无故不得聚饮，违者罚金四两。朝庭有庆祝之事，特许臣民会聚欢饮，称赐酺。"

滑台曲

白面一百斤，糯米粉一百斤。

已上粉、面先拌和，令匀，次入下项药：

白术四两，官桂二两，胡椒二两，川芎二两，白芷①二两，天南星二两，瓜蒂半两，杏仁二斤，用温汤浸，去皮、尖，更冷水淘三两遍，入砂盒内研，旋入井花水，取浓汁二斗。

右件捣罗为细末，将粉、面并药一处拌和，令匀。然后将杏仁汁旋洒于前项粉面内拌揉，亦须干湿得所，"握相聚，扑得散"，即用粗筛隔过，于净席上堆放如法。盖三、四时辰，候水脉匀，入模子内，实踏，用刀子分为四片，逐片印"风"字讫，用纸袋子包裹，挂无日透风处四十九日。踏下，便入纸袋盛挂起，不得积下。挂时相离著，不得厮沓②，恐热不透风。每一石米，用曲一百二十两。隔年陈曲有力，只可使十两。

【注释】

① 白芷：即香白芷。

② 厮沓：相互叠压。

【译文】

一百斤白面，一百斤糯米粉。

首先将上述面和粉混合，然后加入以下草药：四两白术，二两肉桂，二两胡椒，二两川芎，二两白芷，二两天南星，五钱瓜蒂，两斤杏仁，用温汤浸泡，去掉外皮和尖，用冷水洗两到三次，将其放入砂盒中研磨后立即加入井水，过滤取浓汁两斗。

将上面的草药粉碎并筛成细粉，同时混合糯米粉、白面和药粉，随后立即将杏仁汁绕圈洒入糯米粉和白面中，混合并揉搓，调和干湿度达到所谓的"用手一握能聚在一起，用手一扑就分散开来"的状态，然后用粗筛将其筛过，并根据需要将其堆放在干净的席子上。大约三四个时辰后，当水流均匀时，将其放入模具中并用力按压。用刀把它分成四块，在每一块上都印上"风"字，用纸袋包起来，挂在阴凉通风处四十九天。曲饼压好后，随即装进纸袋挂起来，不能积压；挂曲饼时，要一块一块分开，不能相互重叠以免热不透风。每一石米要使用一百二十两酒曲。隔年的陈曲曲力强，只能用十两。

扇面"三杯通大道，一斗合自然"
（现代）潘陶

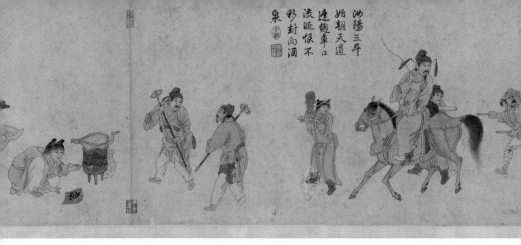

汝陽三斗
始朝天道
連麴車口
流延恨不
移封向酒
泉

仙是酒中
自稱臣
不上船
子呼來
家眠末
市上天
篇長安
斗詩百
李白一

《饮中八仙图》卷

（元）任仁发 收藏于中国台北故宫博物院

"饮中八仙"指唐朝嗜好喝酒的八位文人。根据《新唐书·李白传》记载，崔宗之、张旭、李白、苏晋、贺知章、李适之、汝阳王李琎、焦遂为"酒中八仙人"。

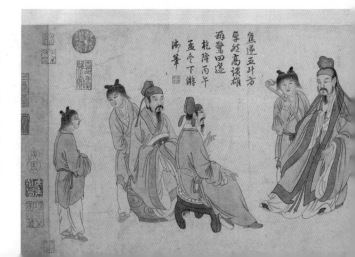

焦遂五斗方
卓然高谈雄
矫髯回遂
乾隆丙午
孟冬下游
渤華

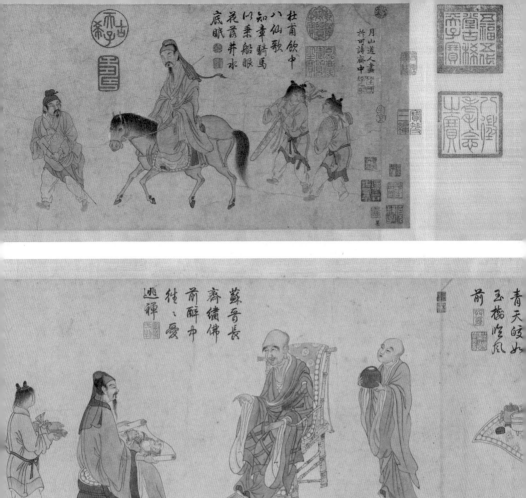

杜甫飲中
八仙歌
知章騎馬
似乘船眼
花落井水
底眠

月山道人畫
許可詩歲中

青天皎如
玉樹修風
前

蘇晉長
齋繡佛
前醉中
往往愛
逃禪

張旭三杯
草聖傳脫
帽露頂王
公前揮毫
落紙如雲
烟

豆花曲

白面五斗，赤豆^①七升，杏仁三两，川乌头三两，官桂二两，麦蘖^②四两，焙^③干。

右除豆、面外，并为细末，却用苍耳、辣蓼、勒母藤^④三味，各一大握^⑤，捣取浓汁，浸豆。一伏时漉^⑥出豆，蒸以糜烂为度。豆须是煮烂成砂，控干、放冷方堪用；若煮不烂，即造酒出，有豆腥气。却将浸豆汁煎数沸，别顿放。候蒸豆熟，放冷，搜和白面并药末，硬软得所，带软为佳；如硬，更入少浸豆汁。紧踏作片子，只用纸裹，以麻皮宽缚定，挂透风处四十日，取出曝干，即可用。须先露五七夜后，七、八月已后方可使。每斗用六两，隔年者用四两，此曲谓之"错著水"。

已上风曲^⑦。

【注释】

① 赤豆：赤豆的干燥种子。

② 麦蘖：麦芽。

③ 焙：用小火烘炙。

④ 勒母藤：辣母藤，根据《顿递祠祭曲》记载："蛇麻，一名辣母藤"。

⑤ 一大握：一大把。

⑥ 漉：过滤。

⑦ 风曲：一种把制好的曲坯挂在通风处或晒干的酒曲。

【译文】

五斗白面，七升赤豆，三两杏仁，三两川乌头，二两官桂，四两麦蘖，用小火烘干。

上面的各种曲料，除了赤豆和白面，都要磨成细粉，然后加入苍耳、辣蓼、勒母藤，每种都加一把，捣碎后将红豆浸泡在浓汁中。一伏天后过滤出豆子，蒸到软烂为止。豆子要煮熟到起砂，晾干冷却后才能使用；如果没有彻底煮烂，即使酿造酒，也会带有腥味。把泡豆子的汁液多次煮开并分开储存。等到煮熟的赤豆熟烂放凉，将白面及药粉与其混合，并使面团软硬适中。如果硬的话，就再加入少许赤豆汁。压紧后，切成块，用纸包好，用麻皮宽松地捆绑，在通风处悬挂四十天后取出晒干。之后在露天的地方存放五到七个晚上，等到七八月份后再使用。每斗米用曲六两，隔年的曲饼用四两就足够了，这样的酒曲被称为"错著水"。

以上是"风曲"的制作方法。

一種　白花ノ嶋

白花ノ嶋ヲモ分
テ其府ヲ同生スルコト
擬ノ花ノ大ナルコト
揃ヒテ其紫ノ作チ
揃ヒノモノ数本子
紀ノ自花者群生シ嶋

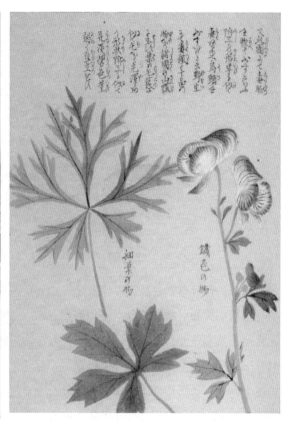

川乌头图

选自《本草图谱》 ［日］岩崎灌园 收藏于日本东京国立国会图书馆

玉友曲

辣蓼、勒母藤、苍耳各二斤，青蒿、桑叶各减半，并取近上稍嫩者，用石臼烂捣，布绞取自然汁。更以杏仁百粒，去皮、尖，细研入汁内。先将糯米拣簸一斗，急淘净，控极干，为细粉，更晒令干。以药汁逐旋，匀洒，拌和，干湿得所。干湿不可过，以意量度。抟^①成饼子，以旧曲末逐个为衣，各排在筛子内，于不透风处净室内，先铺干草，厚三寸许，安筛子在上，更以草厚四寸许覆之。覆时须匀，不可令有厚薄。一两日间，不住以手探之。候饼子上稍热，仍有白衣，即去覆者草。明日取出，通风处安桌子上，须稍干，旋旋逐个揭之，令离筛子。更数日，以篮子悬通风处，一月可用。罨饼子须熟透，又不可过候，此为最难。未干，见日即裂。

【注释】

① 抟：捏成团。

【译文】

辣蓼、勒母藤、苍耳各两斤，青蒿叶、桑叶各一斤，挑拣青蒿、桑树上的嫩枝叶，用石臼捣碎，用布绞成自然汁液。

加入一百粒去皮尖研磨后的杏仁。先挑选糯米过筛，筛一斗立即洗净，将水控干，磨成细粉，再晾干。将药汁打旋洒上拌匀，调整至干湿适中。不要太湿太干，在调制中要用感觉去把握。然后把曲坯抟成饼状，将旧曲抹在曲坯外面，在筛子里一一排列，放在密闭的洁净室里，先盖上三寸多厚的干草，把筛子放在上面，接着用四寸多厚的草覆盖它。覆盖时，草要均匀地铺开，不能薄厚不均。在最初的一到两天里，要时不时用手伸进去测温度。一旦感到曲饼温度偏高，外表生出白衣，就立即把盖着的草去掉。第二天，把曲饼拿出来，放在桌子上通风的地方。等它稍微干了之后，把曲饼一个一个地从筛子里拾出来。再过几天，把放曲饼的篮子挂在通风的地方，一个月后就可以使用了。被草掩盖的饼子要熟透，但又不能太过，这是最难把握的。如果曲饼没有干透就放到阳光下，很快就会裂开。

酒馆　选自《清明上河图》　（宋）张择端　收藏于北京故宫博物院

《清明上河图》就像一幅北宋社会的剖面，它形象地记载着北宋首都东京城市面貌以及当时社会各阶级民众的生活状态，见证了北宋社会繁荣昌盛。北宋作为酒文化发展至巅峰的一个王朝，由商人卖酒的促销方式转变为官府经营酒业，并发展出一套较为成熟的管理系统。据清代人士统计，编纂酒经最多的朝代便是宋朝了，酒类琳琅满目，仅名酒就多达二百八十多种。

白醪曲

粳米^①三升，糯米一升，川芎一两，峡椒^②一两，曲母^③末一两，与米粉、药末等拌匀，蓼叶^④一束，桑叶一把，苍耳叶^⑤一把。

右烂捣，入新汲水，破令得所滤汁拌米粉，无令湿，捻成团，须是紧实。更以曲母遍身糁^⑥过为衣。以谷、树叶铺底，仍盖。一宿，候白衣^⑦上，揭去。更候五七日，晒干。以篮盛，挂风头。每斗三两，过半年以后，即使二两半。

【注释】

① 粳米：一种稻米。

② 峡椒：花椒。

③ 曲母：酒曲，这里指陈年的酒曲。在新制的酒曲中混入陈曲末，有利于培养新的菌种。

④ 蓼叶：指辣蓼叶。

⑤ 苍耳叶：苍耳的叶。

⑥ 糁：散落，撒。

⑦ 白衣：在曲饼表面生长的白色微生物。

白醪曲

粳米[1]三升，糯米一升，川芎一两，峡椒[2]一两，曲母[3]末一两，与米粉、药末等拌匀，蓼叶[4]一束，桑叶一把，苍耳叶[5]一把。

右烂捣，入新汲水，破令得所滤汁拌米粉，无令湿，捻成团，须是紧实。更以曲母遍身糁[6]过为衣。以谷、树叶铺底，仍盖。一宿，候白衣[7]上，揭去。更候五七日，晒干。以篮盛，挂风头。每斗三两，过半年以后，即使二两半。

【注释】

① 粳米：一种稻米。

② 峡椒：花椒。

③ 曲母：酒曲，这里指陈年的酒曲。在新制的酒曲中混入陈曲末，有利于培养新的菌种。

④ 蓼叶：指辣蓼叶。

⑤ 苍耳叶：苍耳的叶。

⑥ 糁：散落，撒。

⑦ 白衣：在曲饼表面生长的白色微生物。

【译文】

三升粳米，一升糯米，一两川芎，一两峡椒，一两曲母末，与米粉和药面搅拌均匀，一束蓼叶，一把桑叶，一把苍耳叶。

将上述材料捣碎，加入新打出的井水，把过滤后得到的汁液与米粉搅拌，不要弄得太湿，随后捏成团子，团子要结实紧密。然后把陈曲撒在团子的表面。用谷叶、树叶铺在底部，放置一宿，等到白衣长出来，去掉谷叶、树叶，等五七天再晾干。把干曲放在篮子里，挂在通风的地方。每斗米需要三两曲，如果所使用的干曲已经储存半年以上，用二两半就够了。

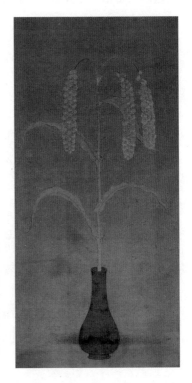

《丰稔图》▶

（明）佚名　收藏于中国台北故宫博物院

画面中，瓶里直插着一根饱满的稻谷，稻穗低垂给人一种沉甸甸的感觉。从上古时期开始，我们的祖先就开始种植水稻。同样，水稻也是古代最重要的粮食作物。

小酒曲

每糯米一斗，作粉，用蓼汁和匀，次入肉桂、甘草、木香、川乌头、川芎、生姜与杏仁同研汁，各用一分作饼子。用穰草①盖，勿令见风。热透后，番依"玉友釃法"出场，当风悬之。每造酒一斗，用四两。

【注释】

①　穰草：指黍稷稻麦的茎秆。

【译文】

一斗糯米，磨成细粉，与蓼汁混合均匀，加入肉桂、甘草、木香、川乌头、川芎、生姜与杏仁一起磨成汁，各取一份制成曲饼。用穰草密不透风地遮盖。热透后，放置和翻动全部按照"玉友釃法"，迎风悬挂。每斗酒要用曲四两。

《陶渊明诗意图》册 （清）石涛　收藏于北京故宫博物院

陶渊明，名潜，字元亮，别号五柳先生，私谥靖节，世称靖节先生，是中国第一位山水田园诗人。在《形影神·神释》一诗中，陶渊明说："日醉或能忘，将非促龄具？"由此可见，陶渊明不仅认为饮酒会有损心神，催人衰老，而且认为饮酒并不能使悲伤消退。酒似乎只能短暂麻痹人的心灵，酒醒之后人仍在痛苦的处境中挣扎。从这本《陶渊明诗意图》册中我们可以看出他的狂放诗意。

黄菊東籬已著花酥餘
披林憩山人家怡情寰是
南山色秋柳西風夕照斜

先生醉矣菊已著花餐英者誰正
無事白衣送酒也

悠然见南山

書覽前賢堪尚論醉憑
中聖六陶然不求甚解心
常領悅性陶情信樂天

惟醒欲醉惟醉欲醒靖節高風
其趣誰領

遥望白云怀古一何深

解組歸來塵夢醒新
醅初熟貯瓷瓶一杯在
手吟將罷又看山兩眼
青
小飲欲醉山氣正佳登樓遐觀
似樂何極

平生不止酒，止酒情无喜

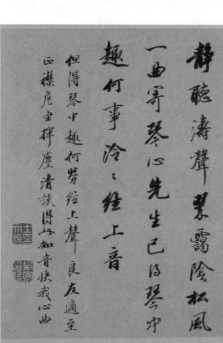

靜聽濤聲暮靄陰松風
一曲寄琴心先生已忘琴中
趣何事泠泠絃上音
但得琴中趣何勞絃上聲良友適至
正襟危坐禪塵清談得一知音快我心曲

东方有一士，被服常不完，
三旬九遇食，十年著一冠

真一曲

上等白面一斗，以生姜五两研取汁，洒拌揉和。依常法起酵，作蒸饼，切作片子，挂透风处一月，轻干可用。

苏轼像
（明）陈洪绶

苏轼，唐宋八大家之一，宋诗大家，豪放派代表。苏轼非常喜欢亲自动手酿酒，曾著有《东坡酒经》。苏轼在黄州酿过蜜酒；在惠州酿过桂酒。根据《东坡志林》记载，苏轼还在海南酿过真一酒。根据《琼台志》中记载："真一酒，米麦水三者为之。东坡于此尝酿。"苏轼在《真一酒》诗中说："拨雪披云得乳泓，蜜蜂又欲醉先生。稻垂麦仰阴阳足，器洁泉新表里清。晓日著颜红有晕，春风入髓散无声。人间真一东坡老，与作青州从事名。"

【译文】

取一斗上好的白面，用五两生姜磨碎成汁，洒在白面上混合。按照通常的发酵方法，制作蒸糕，切成片，在通风处悬挂一个月，曲坯变轻、干燥后即可使用。

坡仙笠展图

（近代）张大千

当苏轼被流放到黄州时，他通过喝酒来表达内心的悲愤。"料峭春风吹酒醒，微冷。山头斜照却相迎。"意思是，酒醒后我感到一丝寒意，不仅仅是寒冷，还有阳光给予的温暖。短暂的暴雨之后，天空又恢复晴朗。这一切并不是在告诉我们风雨只是暂时的吗？寒冷之后会有温暖，风雨之后会有阳光。

莲子曲

糯米二斗，淘净，少时蒸饭，摊了。先用面三斗，细切生姜半斤如豆大，和面，微炒令黄。放冷，隔宿，亦摊之。候饭温，拌令匀，勿令作块。放芦席上，摊以蒿草，罨作黄子[1]，勿令黄子黑。但白衣上，即去草番转。更半日，将日影[2]中晒干，入纸袋，盛挂在梁上风吹。

已上醭曲[3]。

【注释】

① 黄子：即女曲，一种酒曲。

② 日影：因阳光照射而形成的影子。

③ 醭曲：一种先密闭发酵后通风晾干的酒曲。

【译文】

　　两斗糯米，清洗干净，快速蒸成米饭，摊开。首先用三斗面，将半斤姜切成豆子大小，与面一起小火慢炒，炒至颜色发黄。放凉摊开过夜。等到米饭变温时，将其充分混合，注意不要形成结块。把米饭铺在芦苇席上，盖上蒿草，以罨曲法制成黄子，留神不要使黄子变黑。当白衣生出时，立即去掉蒿草翻转黄子，将其放置在太阳下，等待半日，待其晒干，随后放入纸袋，挂在横梁上风干。

　　以上是制作醡曲的方法。

酿酒图

选自《本草品汇精要》明彩绘本　（明）刘文泰等

画面中展示了古人酿酒的工艺过程。苏轼在《东坡酒经》中提到：南方之氓，以糯与粳，杂以卉药而为饼。嗅之香，嚼之辣，撮之枵然而轻，此饼之良者也。

汕陽三斗
如朝天道

知章騎馬
似乘船眼
花落井水
底眠

《饮中八
仙图》

（清）程梁
收藏于北京
故宫博物院

汝陽三斗
如朝天道
逢麹車口
流涎恨不
移封向酒
泉

左相日興費萬

088

李白一斗
詩百篇
長安市
上酒家眠
天子呼
來不上
船自稱臣
是酒中
仙

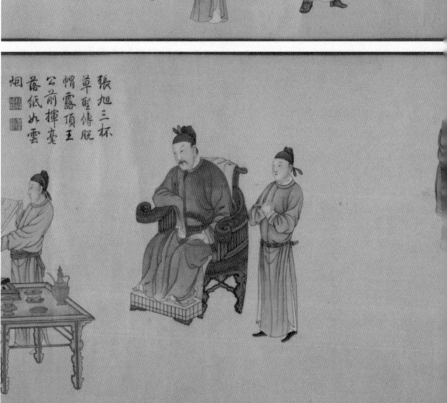

張旭三杯
草聖傳脫
帽露頂王
公前揮毫
落紙如雲
煙

蘇晉長齋繡
佛前醉中往
往愛逃禪

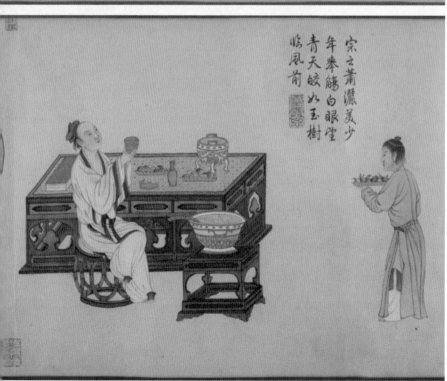

宗之蕭灑美少
年舉觴白眼望
青天皎如玉樹
臨風前

090

焦
荽
五
斗
方

卷下

导读

　　本卷着重论述酿酒的工艺过程及各种酒的酿造技术。先说"卧浆""淘米""煎浆""汤米""蒸醋糜""用曲""合酵""酴米""蒸甜糜""投醹";接着讲如何选择酿酒的器具以及"榨酒""收酒""煮酒""火迫酒"等工艺流程;最后讲述"曝酒""白羊酒""地黄酒""菊花酒""酴醾酒""葡萄酒""猥酒"共七种酒的详细制作方式。

卧浆^①

今人都不复用。酒绝忌酸，乃以酸浆汤^②米。何也？又以水与姜、葱解之，尤为不韵。

六月三伏时，用小麦一斗，煮粥为脚^③，日间悬胎盖，夜间实盖之。逐日浸热面浆或饮汤，不妨给用，但不得犯生水。造酒最在浆，其浆不可才酸便用，须是味重。酴米偷酸，全在于浆。大法：浆不酸，即不可酘酒。盖造酒以浆为祖，无浆处，或以水解^④醋，入葱、椒等煎，谓之"合新浆"。如用已曾浸米浆，以水解之，入葱、椒等煎，谓之"传旧浆"，今人呼为"酒浆"是也。酒浆多，浆臭而无香辣之味。以此知，须是六月三伏时造下浆，免用酒浆也。酒浆寒凉时犹可用，温热时即须用卧浆。寒时如卧浆阙绝，不得已，亦须且合新浆用也。

【注释】

① 卧浆：制备浆水。根据本卷《煎浆》记载："卧浆者，夏月所造酸浆也，非用已曾浸米酒浆也。

② 汤：用水浸泡。

③ 脚：指脚饭。此处指造浆底料。

④ 解：化解，溶解。

【译文】

　　卧浆如今已不再使用。既然酒是绝对不能有酸味的，那为什么我们还要用酸浆浸泡大米呢？尤其是要加入水、姜和葱来化解酸味，在味道上太不和谐了。在农历六月的三伏天，用一斗小麦煮粥，作为酿造的原料。白天不用盖严，但晚上应该盖得严严实实。每天都应该泡在热麦浆里，有时用热水也不碍事，但千万不要用生水。酿酒最关键的是浆，浆不能刚变酸就使用，其酸味一定要很浓才行。酴米之所以会变酸，是因为浆的原因。大致规范是：如果浆不酸，就不能酿酒。在酿酒中，浆是最重要的。如果没有浆，就在水中放入醋，加入葱、椒等食材一起煮，这叫作"合新浆"。如果用浸泡过米的米浆添水放入醋，加入葱、椒等食材一起煮，这叫作"传旧浆"，也就是现在所说的"酒浆"。如果酒浆太多，酒会发臭，没有辣味。因此，通常在六月的三伏天制作酸浆，以避免使用酒浆。酒浆可以在冷的时候使用，但天气温暖的时候就必须使用卧浆。如果在寒冷的天气里卧浆短缺，万不得已的情况下，只能制备新浆以供使用。

帝尧像
选自《历代帝王圣贤名臣大儒遗像》册 （清）
佚名 收藏于法国国家图书馆

帝尧，传说中的父系氏族部落联盟领袖，一说为"五帝"之一。孔融在《难曹公表制酒禁书》里写道："尧不千钟，无以建太平。孔非百觚，无以堪上圣。"意思是说，尧帝如果不能喝千杯酒就无以建立太平盛世；孔子如果不能饮百觚酒就不能成为圣人。钟，指酒杯。觚，古代青铜酒器。

淘米

造酒治糯为先，须令拣择，不可有粳米。若旋①拣实为费力，要须自种糯谷，即全无粳米，免更拣择，古人种秫盖为此。凡米，不从淘中取净，从拣择中取净。缘水只去得尘土，不能去砂石、鼠粪之类。要须旋舂、簸，令洁白，走水②一淘，大忌久浸。盖拣簸既净，则淘数少而浆入。但先倾米入箩，约度添水，用杷子靠定箩唇，取力直下，不住手急打斡③，使水米运转，自然匀净，才水清即住。如此，则米已洁净，亦无陈气。仍须隔宿淘控，方始可用。盖控得极干，即浆入而易酸，此为大法。

【注释】

① 旋：立即，马上。

② 走水：过水，流水。

③ 打斡：使旋转。斡，旋转。

【译文】

　　酿酒时首选糯米。应谨慎挑拣，不能有粳米。如果立即择拣太费力气，应该自己种植糯米，这样才能保证不掺杂粳米，以避免再次拣择的劳累。大多数古人种植秫米就是出于这个原因。对米来说，用水清洗并不能让其干净，而是应通过挑选拣择使米干净。因为水只能去除灰尘，而不能去除沙子和老鼠粪便之类的东西。大米必须舂去外壳、簸扬，使其变白变净，并用流水冲洗一次，要注意避免长期浸泡。经过筛选和簸扬后，米是干净的，因此只需要简单淘洗后加入浆。首先将米倒入筐中，适度加水，等水快满时将杷子紧靠箩筐，用力插入米中，并不断转动搅拌大米，使水和大米自然均匀地混合，待水清澈时停止。这样一来，米就干净了，而且没有陈旧之气。但依旧需要隔夜淘洗控干后，才可以使用。最重要的方法是控干糯米的水分，等到加入浆后就容易变酸。

刘禹锡像
选自《古圣贤像传略》清刊本　　（清）顾沅\辑录　　（清）孔莲卿\绘

刘禹锡曾作《酬乐天衫酒见寄》以表达酿酒需用好米，米越好酒越醇香。《酬乐天衫酒见寄》：酒法众传吴米好，舞衣偏尚越罗轻。动摇浮蚁香浓甚，装束轻鸿意态生。阅曲定知能自适，举杯应叹不同倾。终朝相忆终年别，对景临风无限情。

煎浆

假令米一石，用卧浆水一石。先煎三、四沸，以笊篱^①漉去白沫，更候一、两沸，然后入葱一大握，椒一两，油二两，面一盏。以浆半碗调面，打成薄水，同煎六、七沸，煎时不住手搅，不搅则有偏沸及有煿^②著处，葱熟即便漉去葱、椒等。如浆酸，亦须约分数以水解之；浆味淡，即更入酽^③醋。要之，汤米浆以酸美为十分，若用九分味酸者，则每浆九斗，入水一斗解之，余皆仿此。寒时用九分至八分，温凉时用六分至七分，热时用五分至四分。大凡浆要四时改破，冬浆浓而涎^④，春浆清而涎，夏不用苦涎，秋浆如春浆。造酒看浆是大事，古谚云："看米不如看曲，看曲不如看酒，看酒不如看浆。"

【注释】

① 笊篱：能漏水的器具，由金属或竹、柳条等制成。漉：过滤。

② 煿：将食物煎炒或烤干。

③ 酽：浓厚。

④ 涎：黏汁。

【译文】

　　假如用一石米，就要用一石五斗的卧浆。先煮沸三四次，用笊篱过滤白色浮沫，然后再煮开一两次，随后加入一大把葱、一两椒、二两油和一小碗面。将面与半碗浆混合，搅拌成稀汤，煮开六七次。煮时要不停地搅拌。如果不搅拌，火力就会有不均匀，出现一边沸腾一边焦煳的情况。葱煮熟后，立即滤掉葱、椒等。如果浆液酸，应适当加水稀释；如果浆味道很淡，可以加一些醋。简而言之，浸米浆以味道酸为美，并以此为标准，如果用九分酸的浆，每九斗就要添一斗水调和，以此类推。寒冷的天气里需要用九到八分，温暖的天气里需要用七到六分，炎热的天气需要用五到四分。一般来说，浆的使用应根据季节而有所不同。冬浆厚而黏，春浆清而黏，夏天不用苦而黏的浆，秋浆似春浆一样。造酒看浆是大事，古话说："看米不如看曲，看曲不如看酒，看酒不如看浆。"

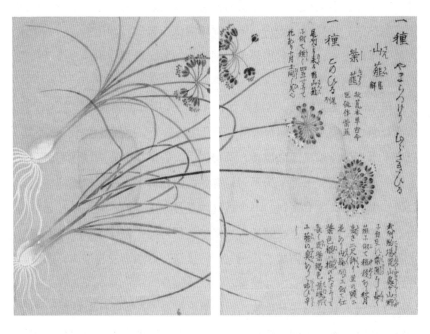

　　薤　选自《本草图谱》　［日］岩崎灌园　收藏于日本东京国立国会图书馆

汤米

一石瓮埋入地一尺，先用汤汤瓮^①，然后拗浆，逐旋入瓮。不可一并入生瓮，恐损瓮器。便用棹篦^②搅出大气，然后下米。汤太热，则米烂成块；汤慢，即汤不倒而米涩，但浆酸而米淡，宁可热，不可冷。冷即汤米不酸，兼无涎生。亦须看时候及米性新陈。春间用插手汤，夏间用宜似热汤，秋间即鱼眼汤，冬间须用沸汤。若冬月却用温汤，则浆水力慢，不能发脱；夏月若用热汤，则浆水力紧，汤损亦不能发脱。所贵四时浆水温热得所。

汤米时，逐旋倾汤，接续入瓮，急令二人用棹篦连底抹起三五百下，米滑及颜色光粲乃止。如米未滑，于合用汤数外，更加汤数斗汤之不妨，只以米滑为度。须是连底搅转，不得停手。若搅少，非特汤米不滑，兼上面一重米汤破，下面米汤不匀，有如烂粥相似。直候米滑温即住手，以席荐围盖之，令有暖气，不令透气。夏月亦盖，但不须厚尔。如早辰汤米，晚间又搅一遍；晚间汤米，来早又复再搅，每搅不下一二百转。次日再入汤，又搅，谓之"接汤"。"接汤"后渐渐发起泡沫，如鱼眼虾跳之类，大约三日后，必醋矣。

寻常汤米后，第二日生浆泡，如水上浮沤^③。第三日生浆衣，寒时如饼，暖时稍薄。第四日便尝，若已酸美有涎，即先以笊篱去掉浆面，以手连底搅转，令米粒相离，恐有结米，蒸时成块，气难透也。夏月只隔宿可用，春间两日，冬间三宿。要之，须候浆如牛涎，米心酸，用手一捻便碎，然后漉出，亦不可拘日数也。惟夏月浆米热后，经四五宿渐渐淡薄，谓之"倒了"。盖夏月热后，发过甏损。况浆味自有死活，若浆面有花衣渤④，白色明快涎黏，米粒圆明松利，嚼著味酸，瓮内温暖，乃是浆活；若无花沫，浆碧色、不明快，米嚼碎不酸，或有气息，瓮内冷，乃是浆死，盖是汤时不活络。善知此者，尝米不尝浆；不知此者，尝浆不尝米。大抵米酸则无事于浆。浆死却须用杓⑤尽撇出元浆⑥，入锅重煎、再汤，紧慢比前来减三分，谓之"接浆"。依前盖了，当宿即醋。或只撇出元浆不用，漉出米，以新水冲过，出却恶气。上甑炊时，别煎好酸浆，泼馈下脚⑦亦得，要之，不若"接浆"为愈。然亦在看天气寒温，随时体当。

【注释】

① 汤瓮：用热水冲洗使瓮带有温度。汤，同"烫"。

② 棹篦：一种搅拌工具，外形类似船桨形。

③ 沤：用水浸泡。

④ 渤：因沸腾而涌起。

⑤ 杓：同"勺"。

⑥ 元浆：原浆。

⑦ 泼馈：将沸浆水泼洒到半熟饭中，使饭粒胀饱熟透，之后可用于酿酒。用这种方法得到的米饭烂而不糊。下脚，造酒所使用的饭料。

【译文】

容量为一石的瓮埋在地下一尺处。首先用热水烫一下瓮，然后分几次将浆料倒入瓮中。不要把它们全部倒在一起，以免损坏瓮器。将浆料放入瓮中后，使用竹篦分散热量，然后将米倒入。如果汤太热，米饭软烂黏结成块；如果不热，大米就不熟不烂，如果浆酸米淡，那么宁热不冷。用冷水浸泡的米不会酸也不会黏，但这也取决于季节和米的新旧。春天使用不烫手的汤；夏天使用稍微烫一点的汤；秋天用"鱼眼汤"；冬天则要用滚烫的汤。如果在冬天使用温汤，浆料的温度不够，不容易发酵；如果夏天用热汤，浆液温度高，汤水损耗大，也不会有好的效果。因此，一年四季使用浆水的关键在于对温度的把握。

泡米时，打着旋儿逐渐将汤汁倒入瓮中，让两个人从底向上用竹篦搅拌三五百次，直到米粒光滑、明亮。如果米粒不滑，除了已经用过的汤量，还可以再加几斗水，直到米饭滑亮为止。底部也必须不停地搅拌，如果不搅拌，不仅浸泡的大米不光滑，上层大米会被浸破，下层大米也会像烂粥一样。所以我们必须等到米滑浆温才停下来，然后用草席覆盖，既保暖又不透气。夏天也应该盖上草席，但不要太厚。如果早上泡米，晚上要再搅拌一下；晚上泡米，就等到第二天早上再搅拌，每一次都要搅拌一两百下，隔天还要继续加汤搅拌，这叫作"接汤"。"接汤"后，会逐渐起像鱼眼泡和虾跳一样的泡，如此三天后就会变酸。

通常在泡米后第二天，浆水会起泡，就像漂浮在水面上的气泡。第三天浆水上结起一层膜。天气冷的时候，结起的膜像饼一样厚，天气热的时候，结起的膜稍微薄一些。第四天的时候要尝一下，如果它又酸又黏，就先用笊篱将浆面划开，用手连底搅动，将米粒彼此打散分离，以防止米饭结块，蒸时难以透气。夏天的浆水过一夜后就可使用，春天隔两天，冬天隔三天。简而言之，需要等到浆像牛的唾液一样黏稠，连米心都发酵出味，用手一捻就碎，然后才可以过滤，这不一定局限于天数。到了夏天，米浆热了之后，四五个晚上味道就逐渐变淡了，这就是所谓的"倒了"。因为夏天很热，发酵后会有损耗。浆味有死活之分。如果浆水表面有花衣，浆水发白且明亮黏稠，米粒圆润松散，尝着有酸味，罐子温暖，这就是活浆。如果没有花沫，浆水蓝绿浑浊，米嚼而不酸，或有气味但瓮内冰凉，这就是死浆，可能是由于米浸泡不当造成的。知道这个道理的人，尝米不尝浆；不知道这个道理的人，尝浆不尝米。一般来说，米只要酸了，浆基本上就没有问题。如果是死浆，用勺子舀出原浆，倒入锅中重煮后再泡米，其中各步骤所用的时间要比之前少三分，这就是所谓的"接浆"。扣盖盖住，当晚就会产生酸味。还有另一种方法，只把原浆舀出不要，把米滤出用清水冲洗，去除不好的气味。在蒸锅里蒸米的时候，另外把煮好的酸浆加入做酒母也可以，但不如"接浆"的方法好。不过，这也取决于当时的温度，并需要随时查看和调整。

蒸醋糜

欲蒸糜，隔日漉出浆衣，出米置淋瓮^①，滴尽水脉，以手试之，入手散籁籁地便堪蒸。若湿时，即有结糜。先取合使泼糜浆以水解，依四时定分数。依前入葱、椒等同煎，用箆不住搅，令匀沸。若不搅，则有偏沸及㗾^②灶釜处，多致铁腥。浆香熟，别用盆瓮内，放冷，下脚使用，一面添水烧灶，安甑、箪^③，勿令偏侧。若刷釜不净，置箪偏侧或破损，并气未上便装筛，漏下生米，及灶内汤太满，则多致汤溢出冲箪，气直上下突，酒人谓之"甑达"，则糜有生熟不匀，急倾少生油入釜，其沸自止。

须候釜沸气上，将控干酸米，逐旋以勺，轻手续续趁气撇装，勿令压实。一石米约作三次装，一层气透又上一层。每一次上米，用炊帚掠拨周回上下，生米在气出处，直候气匀，无生米，掠拨不动；更看气紧慢，不匀处用米枚子^④拨开慢处，拥在紧处，谓之"拨溜"^⑤。若箪子周遭气小，须从外拨来向上，如鳖^⑥背相似。时复用气杖子试之，扎处若实，即是气流；扎处若虚，必有生米，即用枚子翻起、拨匀，候气圆，用木拍或席盖之。

　　更候大气上，以手拍之，如不黏手，权住火，即用枚子搅斡盘摺⑦，将煎下冷浆二斗，便用棹篦拍击，令米心匀破成糜。缘浆米既已浸透，又更蒸熟，所以棹篦拍著，便见皮拆心破，里外肥烂成糜。再用木拍或席盖之，微留少火，泣定水脉，即以余浆洗案，令洁净。出糜在案上，摊开，令冷，翻梢一两遍。

　　脚糜若炊得稀薄如粥，即造酒尤醇。搜拌⑧入曲时，却缩水，胜如旋入别水也，四时并同。洗案刷瓮之类，并用熟浆，不得入生水。

【注释】

① 淋瓮：瓮的一种，浸米表面的水分可以通过开在瓮底的小孔滴干。

② 煿：将食物煎炒或烤干。

③ 箅：箅子，是蒸锅里的屉。

④ 枚子：拌撒用的工具。

⑤ 拨溜：指不断把米向有蒸汽流动的地方拨拢，直到米被蒸熟。

⑥ 鏊：平底锅。

⑦ 摺：摞，叠。

⑧ 搜拌：指将饭料加入酒曲后搅拌。

【译文】

如果想要蒸醋糜，可以把隔夜的浆水过滤，把米放在淋瓮上，控干水分，用手插入米，入手松散就可以上锅蒸。如果太湿，就会结块。将先前过滤好的浆水取出并用水稀释，并根据季节调整分量。像之前的制浆环节一样，将葱、椒一起炒，用箅不断搅拌，使其均匀沸腾。如果不搅拌，就会出现受热不均和煳锅底的情况，这很可能产生铁腥味。当浆水又香又熟时，应将其放入盆瓮中冷却，等待拌料混合。另一边添水烧灶，放置蒸笼和竹制抽屉，此时注意不要倾斜，以确保蒸汽均匀。如果锅釜没有清洗干净，蒸笼和竹制抽屉没有妥善放置或损坏，蒸汽没有上来就把米放进去，就会出现米夹生的情况；如果加水太满，会溢出冲向蒸锅里的竹屉，气直向上突，酒人把这个叫作"甑达"，这会导致米饭生熟不均。在这种情况下，应该迅速向锅中加入一点生油，沸腾就会停止。

等待锅中水开，蒸汽上升，然后用勺子打着旋儿轻轻地撒上控干的酸米。不要压实。一石米大约分三次装，一层蒸透了再填另一层。每次装大米时，要先用炊帚上下拨拢，然后将生米收集到蒸汽出来的地方，直到蒸汽均匀，没有生米，拨拢不动；这还取决于蒸汽上升的速度。用枕子把米从蒸汽小的地方拨拢到蒸汽大的地方，这被称为"拨溜"。如果竹屉周围的蒸汽小，要从外向上拨弄，使其形状像隆起的锅背。在此期间，不断使用气杖子探扎。如果探扎到的地方是实的，就说明气在流动；如果探扎到的地方是空的，说明一定有未熟的米，立即用枕子把它翻起来，摊均匀。当蒸汽开始上溢时，用木拍或垫子覆盖米饭。

当蒸汽猛烈上升时，用手拍打米饭，如果不粘，可以暂时停火，用木枚子来回搅拌，取二斗冷浆导入，然后用棹篦拍打，均匀地打碎米饭成糜。因为浆米已经被浸泡和蒸过了，所以当用棹篦击打时，米粒很容易被打烂成泥。然后用木拍或草席覆盖蒸锅，稍微保留一些火力，将水烧干，用剩下的浆清洗案子。把蒸好的醋糜铺在桌子上，让它冷却，然后来回翻动一两次。

脚糜如果煮得像粥一样稀，酿出的酒就特别醇厚。在混合酒曲时，少加水比添加其他的水更好，这种方法一年四季都是一样的。洗案、刷瓮的水都要用熟浆，而不是生水。

用曲

古法先浸曲，发如鱼眼汤，净淘米，炊作饭，令极冷。以绢袋滤去曲滓，取曲汁于瓮中，即投饭。近世不然，炊饭冷，同曲搜拌入瓮。曲有陈新，陈曲力紧，每斗米用十两，新曲十二两、或十三两，腊脚酒①用曲宜重。大抵曲力胜则可存留，寒暑不能侵。米石百两，是为气平。十之上则苦，十之下则甘，要在随人所嗜而增损之。

　　凡用曲，日曝夜露。《齐民要术》："夜乃不收，令受霜露。"须看风阴，恐雨润故也。若急用，则曲干亦可，不必露也。受霜露二十日许，弥令酒香。曲须极干，若润湿则酒恶矣。新曲未经百日，心未干者，须擘破炕焙②，未得便捣。须放隔宿，若不隔宿，则造酒定有炕曲气③。大约每斗用曲八两，须用小曲一两，易发无失。善用小曲，虽煮酒亦色白。今之玉友曲用二桑叶者是也。酒要辣，更于酘④饭中入曲，放冷下，此要诀也。张进造供御法酒⑤：使两色曲，每糯米一石，用"杏仁罨曲"六十两、"香桂罨曲"四十两。一法，酝酒罨曲，风曲各半，亦良法也。

　　四时曲粗细不同。春冬酝造日多，即捣作小块子，如骰子或皂子大，则发断有力而味醇酽；秋夏酝造日浅，则差细，欲其曲米早相见而就熟。要之，曲细则味甜美，曲粗则硬辣；若粗细不匀，则发得不齐，酒味不定。大抵寒时化迟不妨，宜用粗曲；暖时曲欲得疾发，宜用细末。虽然，酒人亦不执。或醅⑥紧，气恐酒味太辣，则添入米一二斗；若发得慢，恐酒甜，即添曲三四斤。定酒味，全此时，亦无固必也。供御祠祭用曲，并在酘米内尽用之，酘饭更不入曲。

【注释】

①　腊脚酒：在腊月期间酿的酒，也叫做"腊酒"。

②　擘：瓣。焙，用小火烤。

③　炕曲气：指曲有火燎的味道。炕，燎，烙。二桑叶：根据本书卷中《玉友曲》记载："青蒿、桑叶各减半，并取近上稍嫩者，用石臼烂捣，布绞取自然汁。"

④ 酘：投放。

⑤ 法酒：依照固定方法酿出的酒。

⑥ 醅：没有经过过滤的酒。

【译文】

古代的方法是先浸泡酒曲，使其发酵得像鱼眼汤一样，将淘洗干净的米蒸熟做饭，然后完全晾凉。用绢袋过滤酒曲里的渣滓，将曲汁放入瓮中，再放入米饭。现在不这么做，在米饭凉透后立即与酒曲混合并放入瓮中。酒曲有新旧的区别。陈曲力道大，每斗米用十两，如果用新曲则要十二三两。腊脚酒用曲量要再大一些。总的来说，曲力强，酒就可以保存很长时间，而不会受到冷热变化的影响。一石米用一百两酒曲，这是最合适的。每十斤米，用十两以上的酒曲就苦，十两以下就会甜，关键在根据人们的口味增减曲量。

使用酒曲时，在白天应暴露于阳光下，晚上则要露天存放。《齐民要术》说："曲饼晚上不收，是为了让霜露渗透。"但如果刮风或是阴天就要收起来，以防被雨淋湿。如果急用，曲干也可以，不一定经过霜露渗透。但经过二十来天的霜冻和露水，酒曲酿的酒会更加美味。酒曲要非常干燥，如果是湿的，那酒的味道就不好了。如果新曲制成不过一百天，曲饼的中心还没有干透，就应该把它掰开并烘烤，而不是即刻捣碎。经过烘烤的曲饼必须隔夜，如果没有隔夜，酿的酒中会有炕曲气。每斗酒用大约八两的酒曲和一两的小曲才容易发酵好。善于使用小曲，即便是拿来煮酒，颜色也会是白的。这就是为什么今天的玉友曲要加上两份桑叶。如果想要酒味更辣，可以等再投的饭放凉之后，加入酒曲，这是关键的步骤。张进造供御法酒时，使用双色曲，每一石糯米，用六十两"杏仁鼋曲"和四十两"香桂鼋曲"。还有另一种方法：酝酒用"鼋曲"和"风曲"各一半，也是一种好方法。

一年四季用曲粗细不同。在春季和冬季，酒的酿造时间较长，应把酒曲粉碎成小块，如骰子或皂子那么大，这会使发酵有力，酒味醇浓；秋天和夏天酿酒的时间短，酒曲应该更小，这样曲米可以在更短的时间内混合相融。简言之，酒曲细时酒的味道是甜的，而酒曲粗的时候酒的味道又硬又辣；如果粗细不均匀，发酵会不均匀，酒的味道也就不确定。粗略地说，当天气寒冷时，最好使用粗酒曲；天气温暖时，就要用细曲。即便如此，酿酒师傅在实际操作中也并非一成不变。发酵太快，酒太辣，就再加一两斗米；如果发酵太慢，担心酒过甜，就再加三四斤酒曲。酒的味道是辛辣还是发甜，要在这个时候决定，但也不是一成不变的。此外，用于祠祭的酒曲应在饭料内全部用完，投饭时不应再加入酒曲。

孙羊正店　选自《清明上河图》　（宋）张择端　收藏于北京故宫博物院

宋代以户部作为管理酒类专卖的最高机构，各州县设立官办酒类销售机构，县级设酒务，又称"酒库"，下设酒坊直销酒类。以酒务为中心，形成批发零售网络。直属酒类服务、取得官方酿酒许可、经营正规的商铺被称为"正店"。它们不隶属于酒务。从酒务（酒库）批发和零售的规模较小的商店，被称为"脚店"或"拍店"。正店不仅为顾客提供餐饮服务和酒水零售，还将酿造的酒水分销。

合酵

北人造酒不用酵，然冬月天寒，酒难得发，多撷了^①。所以要取醅面，正发醅^②为酵最妙。其法：用酒瓮正发醅，撇取面上浮米糁^③，控干，用曲末拌，令湿匀，透风阴干，谓之"干酵"。

凡造酒时，于浆米中先取一升已来，用本浆煮成粥，放冷，冬月微温。用"干酵"一合^④、曲末一斤，搅拌令匀，放暖处，候次日搜饭时，入酿饭瓮中同拌。大约申时^⑤欲搜饭，须早辰先发下酵，直候酵来多时，发过方可用。盖酵才来，未有力也。酵肥为来，酵塌可用。又况用酵四时不同，须是体衬天气，天寒用汤发，天热用水发，不在用酵多少也。不然，只取正发酒醅二三杓拌和，尤捷，酒人谓之"传醅"，免用酵也。

【注释】

① 撅了：指没干成。据本卷《酒经·投醾》记载："若脚嫩、力小、酘早，甜糜冷，不能发脱，折断多致涎慢，酒人谓之撅了。"撅，跌、摔。

② 正发醾：指严格按照相应方法制作的醾。

③ 糁：用米和羹，同时也指饭粒。

④ 一合：量词，十合为一升。

⑤ 申时：下午三点到五点之间。

【译文】

北方的人酿酒不用酵母。然而，由于冬季天气寒冷，很难发酵。因此，最好使用未经过滤的酒进行发酵。方法是用酒瓮中的正发醾，舀起上面的浮米，将水分控干，与酒曲混合，使其湿润均匀，在通风阴凉处干燥，这被叫作"干酵"。

通常，在酿酒时，取出一升米浆煮成粥，放凉，冬天放至微温即可。用一合"干酵"和一斤酒曲混合均匀，放在温暖的地方，等到第二天搅拌酒饭时，将它们放在酿饭瓮中并混合在一起。如果想要在下午三点到五点时搅拌酒饭，那么在早上就要开始发酵，等发酵彻底后再使用。这是由于刚刚开始发酵时，酵力不足。发酵旺盛，意味着酵起了作用，发酵至液面塌陷时就可以使用了。此外，发酵的方法一年四季都不同，重要的是观察气温。如果天凉，就用热水发酵；如果天热，用温水发酵，而不在于用多少酵。如果不这样，也可以只混合两三勺正发的酒醾和酒饭拌在一起，这样更方便。酿酒的人把它叫作"传醾"，可以不用酵母。

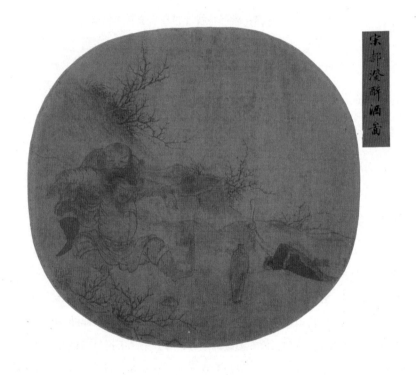

《醉酒图》 （宋）郝澄 收藏于美国纽约大都会艺术博物馆

此画描绘的是一人已喝的酩酊大醉，另一人想将他扶起来，却扶不起来的一个画面，画面充满了趣味。

酴米

酴米①，酒母也，今人谓之"脚饭"。

蒸米成糜，策在案上，频频翻，不可令上干而下湿。大要在体衬天气。温凉时放微冷，热时令极冷，寒时如人体。金波法：一石糜用麦蘖②四两，糁在糜上，然后入曲、酵一处，众手揉之，务令曲与糜匀。若糜稠硬，即旋入少冷浆同揉，亦在随时相度。大率搜③糜，只要拌得曲与糜匀足矣，亦不须搜如糕糜。京酝搜得不见曲饭，所以太甜。曲不须极细，曲细则甜美；曲粗则硬辣；粗细不等，则发得不齐，酒味不定。大抵寒时化迟不妨，宜用粗曲，可骰子大；暖时宜用细末，欲得疾发。大约每一斗米，使大曲八两、小曲一两，易发无失，并于脚饭内下之。不得旋入生曲，虽三酘酒，亦尽于脚饭中下，计算斤两，搜拌曲糜，匀即搬入瓮。瓮底先糁曲末，更留四五两曲盖面。将糜逐段排垛，用手紧按瓮边，四畔拍令实。中心剜作坑子，入刷案上曲水三升或五升已来，微温，入在坑中，并泼在醅面上，以为信水④。

大凡酝造⑤，须是五更初下手，不令见日，此过度⑥法也。下时东方未明要了，若太阳出，即酒多不中。一伏时⑦歇，开瓮，如渗信水不尽，便添荐⑧席围裹之，如泣尽信水，发得匀，即用杷子搅动，依前盖之，频频揸汗。三日后，用手捺破头尾⑨，紧即连底掩搅令匀；若更紧，即便摘开，分减入别瓮，贵不发过。一面炊甜米，便酘，不可隔宿，恐发过无力，酒人谓之"摘脚"⑩。脚紧多由糜热，大约两三日后必动。如信水渗尽醅面，当心夯起有裂纹，多者十余条，少者五七条，即是发紧，须便分减。

大抵冬月醅脚厚，不妨，夏月醅脚要薄。如信水未干，醅面不裂，即是发慢，须更添席围裹。候一二日，如尚未发，每醅一石，用杓取出二斗以来，入热蒸糜一斗在内，却倾取出者，醅在上盖之，以手按平，候一二日发动。据后来所入热糜，计合用曲，入瓮一处拌匀，更候发紧掩捺，谓之"接醅"。若下脚后，依前发慢，即用热汤汤臂膊，入瓮搅掩，令冷热匀停。须频蘸⑪臂膊，贵要接助热气。或以一二升小瓶贮热汤，密封口，置在瓮底，候发则急去之，谓之"追魂"。或倒出在案上，与热甜糜拌，再入瓮厚盖合，且候，隔两夜，方始搅拨，依前紧盖合。一依投抹，次第体当，渐成醅，谓之"搭引"。或只入正发醅脚一斗许在瓮当心，却拨慢醅盖合，次日发起搅拨，亦谓之"搭引"。

造酒要脚正，大忌发慢，所以多方救助。冬日置瓮在温暖处，用荐席围裹之，入麦曲、黍穰之类，凉时去之。夏月置瓮在深屋底，不透日气处。天气极热，日间不得掀开，用砖鼎足阁起，恐地气，此为大法。

【注释】

① 酴米：由米饭发酵而成的酒曲。

② 蘖：发芽的谷物。

③ 搜：搅拌混合。

④ 信水：根据《酒经》卷上记载："北人不用酵，只用刷案水，谓之信水。然信水非酵也，酒人以此体候冷暖尔。"

⑤　酝造：酿造，制作。

⑥　过度：超越常规。

⑦　一伏时：一昼夜。

⑧　荐：草做的席子。

⑨　头尾：指醅面。

⑩　摘脚：指因发酵过度致使曲失去了应有的作用。

⑪　蘸：在粉末、液体或糊状的东西里快速沾一下。

【译文】

　　酴米，就是酒母，今人把它叫作"脚饭"。

　　米蒸得像糜一样熟烂，摊平放在桌子上，不断翻动，确保不会上干下湿。观察和掌握温度是很重要的：天气温凉时要放到微凉，天气热时要放到冷透，天气寒冷后要放到温度与人体一致。金波法：一石糜要用到四两麦蘖撒在表面，然后加入酒曲发酵，用手揉搓，确保混合均匀。如果糜又厚又硬，立即加入冷浆混合，同样需要随时观察。一般情况下，只需要将酒曲与饭糜混合均匀就好，不需要像揉糕糜一样。京师的酿造方法搅拌得太过，所以酿出的酒很甜。酒曲细时酒的味道是甜的，而酒曲粗的时候酒的味道又硬又辣；如果粗细不均匀，发酵会不均匀，酒的味道也就不确定。在大多数情况下，粗略地说，当天气寒冷时，最好使用粗酒曲；天气温暖时，就要用细曲。每斗酒用大约八两的酒曲和一两的小曲才容易发酵好，并在脚饭内放入酒曲，不能加入生曲。

即使是多次投饭的酒，也要在脚饭中再加入酒曲，计算斤量，搅拌曲糜并混合均匀，然后将其放入瓮中。曲末先撒落在瓮底，然后留下四五两曲覆盖表面。将糜逐段排垛，用手沿着瓮周围用力摁紧实。在中央剜出一个坑，倒入晾温后的刷案曲水三五升，同时将其泼在醅面上，以此作为信水。

酿造通常在五更初开始。不要等太阳升起，这是过度法。下料工作将在黎明前完成，如果太阳出来了，酒可能就不会酿成了。一天一夜后开瓮，如果信水还没渗完，就加草席包起来；如果信水已经渗光，就用杷子搅拌一下，按照之前的方法盖上盖子，不断擦拭瓮上的水珠。三天后，用手按破醅面，如果发得紧，就应该在底部搅拌均匀；如果仍然很紧，那就把饭料分开放在其他的瓮里，只要不发过就好。还要蒸煮甜米酘料，不要过夜，因为担心发过头导致其失去原本的酵力，酿酒的人把它叫作"摘脚"。脚饭发酵厉害多是由于糜热的缘故，大约在两三天内肯定会发酵。如果信水渗入醅面，注意醅面表面可能会有裂缝，多的情况有十多条，少的则有五七条，这就是脚饭发得太紧的缘故，必须分减放入其他的瓮里。

通常，冬天的时候醅脚厚些是不碍事的，夏天的时候醅脚要薄些。如果信水不干，醅面不开裂，这就是发得慢，因此需要添加草席来包裹。等待一两天。如果还没有发酵，每一石醅用木勺舀出两斗，加一斗热蒸糜，将取出的醅盖在上面，用手将其压平，等待一两天后就开始发酵了。根据后来加入的热糜，计算出用酒曲的量后放入瓮中混合在一起，然后按压紧实，称为"接醅"。如果放入饭料后，发酵和以前一样慢，就用热水温热胳膊，把手伸进瓮中搅拌，使其冷热均匀。要不断地用热水浸胳膊，为的是保持手臂温热。或者在一两升的小瓶子里装满热水，密封瓶口，放在瓮底，等到发酵开始后再立即取下，这就是"追魂"。或者把瓮里的酒饭倒在桌子上，和热甜糜混合，然后再放到瓮里盖紧。两个晚上后，开始搅拌，并根据前面的方法将其紧紧覆盖。不断地投料查看，从而逐渐形成发酵的醅，这被称为"搭引"。或者只需加入一斗正在发酵的醅脚，将其放入瓮的正中间，并将盖子盖紧，等到第二天再开始搅拌，这也被叫作"搭引"。

造酒脚醅要正，特别忌讳发酵速度缓慢，因此要多方救助。冬天，把瓮放在温暖的地方，用草席包起来，盖上麦麸和黍穰之类的东西保温，醅发酵完成，渐渐变凉时就摘下来。夏天里把瓮放在黑暗不见光的房间里。天气很热的话，那就不要在白天打开它。将砖垫在底部把瓮架起，避免脚醅接触地气，这是最重要的方法。

《列仙酒牌》清刻本（部分） （清）任熊

《列仙酒牌》所列仙人48位，其中一一注释饮酒法则，形式多样，是清代画家任熊的线描代表作品。酒牌，又称酒筹、叶子，顾名思义，是饮酒助兴的工具，一般是在长五寸、宽三寸的硬纸片印上酒令及版画而成。

老子
主言道德
五千言不言
藥不言佛
不言白日
昇青天
壽者飲

關令尹
南已令申誰能誠
執有飲新相知以醫

維趙簡子來聘扑市
飲至庭

羊欲石硯羊叻
可以喻滄桑含
朝夕陶須九
飲滿庭

王子晋
左
油

蒸甜糜

不经酸浆浸，故曰甜糜。

凡蒸酘糜[1]，先用新汲水浸破米心，净淘，令水脉微透，庶蒸时易软。然后控干，候甑气上，撒米装，甜米比醋糜松利[2]易炊，候装彻[3]气上，用木篦、杴、帚掠拨甑周回生米，在气出紧处，掠拨平整。候气匀溜[4]，用篦翻搅，再溜，气匀，用汤泼之，谓之"小泼"；再候气匀，用篦翻搅，候米匀熟，又用汤泼，谓之"大泼"。复用木篦搅斡，随篦泼汤，候匀软，稀稠得所，取出盆内，以汤微洒，以一器盖之。候渗尽，出在案上，翻稍三两遍，放令极冷。其拨溜盘棹，并同"蒸脚糜法"。唯是不犯浆，只用葱、椒、油、面，比前减半，同煎，白汤泼之，每斗不过泼二升。拍击米心，匀破成糜，亦如上法。

【注释】

① 酘糜：投料用的饭糜。

② 松利：零落松散。

③ 彻：通透。

④ 匀溜：均匀。

【译文】

　　不经过酸浆浸泡的叫作甜糜。

　　蒸酸糜时，用清水将米心浸透，洗净，让水完全浸泡大米，这样米在蒸的时候就很容易变软。然后控干水分，等到甑里的蒸汽上来，把米摊在甑里。甜糜比醋糜更松软，更容易烹饪。当蒸锅里的米透出蒸汽时，用木筐、杴、帚在蒸锅周围扫一圈，将生米翻回，在蒸汽紧的地方将米整平。当蒸汽均匀时，用筐搅拌，等到米滑气匀时，浇上热水，这叫作"小泼；再等蒸汽均匀时，继续用筐搅拌，等米饭均匀熟透后，再用热水泼洒，这就是所谓的"大泼"。之后，用木筐再次搅拌，与此同时，搅动和泼洒热水，等酒饭变得均匀柔软、稠度适中时，将其取出放入盆中，稍微洒上少量热水，用器具覆盖。当水完全渗出后，把米饭拿出来放在案子上，翻动两三次直到冷透。其搅拌翻折的方法与"蒸脚糜法"相同。重要的是不要用浆，而是将葱、椒、油、面一同煎煮，与前一次相比，用量减半，煎煮出白汤后，泼在酒饭上，每斗不超过两升。拍打米心，把米打成碎糜，方法也如前所述。

126

《投壶图》

（清）任伯年　收藏
于中国美术馆

投壶是古人宴会时在
席间玩的一种投掷游
戏。投壶是把箭向壶
里投，投中多的人
赢，输的人按照规定
的杯数喝酒。《醉翁
亭记》中的"射"指
的就是"投壶"。《礼
记传》中记载："投
壶，射之细也。燕饮
有射以乐宾，以习容
而讲艺也。"

投醹

投醹最要厮应①，不可过，不可不及。脚热发紧，不分摘开，发过，无力方投，非特酒味薄、不醇美，兼曲末少，咬甜糜不住，头脚②不厮应，多致味酸。若脚嫩③力小，酘早，甜糜冷，不能发脱，折断多致涎慢，酒人谓之"擞了"。须是发紧，迎甜便酘，寒时四、六酘，温凉时中停酘，热时三、七酘。《酝法总论》："天暖时二分为脚、一分投；天寒时中停投；如极寒时一分为脚、二分投；大热或更不投。"一法：只看醅脚紧慢，加减投，亦治法也。若醅脚发得恰好，即用甜饭依数投之；若发得太紧，恐酒味太辣，即添入米一、二斗；若发得太慢，恐酒太甜，即添入曲三、四斤，定酒味全在此时也。

四时并须放冷。《齐民要术》："所以专取桑落时造者，黍必令极冷故也。"酘饭极冷，即酒味方辣，所谓"偷甜"也。投饭，寒时烂揉，温凉时不须令烂，热时只可拌和停匀，恐伤人气。北人秋冬投饭，只取脚醅一半于案上，共酘饭一处，搜拌令匀，入瓮却以旧醅盖之。夏月，脚醅须尽取出案上搜拌，务要出却脚糜中酸气。一法：脚紧案上搜，脚慢瓮中搜，亦佳。

寒时用荐盖，温热时用席。若天气大热，发紧，只用布罩之。逐日用手连底掩拌，务要瓮边冷醅来中心。寒时，以汤洗手臂助暖气；热时，只用木杷搅之。不拘四时，频用托布抹汗。五日已后，更不须搅掩也。如米粒消化而沸未止，曲力大，更酘为佳。若沸止醅塌，即便封泥，起，不令透气。夏月十余日、冬深四十日、春秋二十三四日，可上槽④。大抵要体当天气冷暖与南北气候，即知酒熟有早晚，亦不可拘定日数。酒人看醅生熟，以手试之。若拨动有声，即是未熟；若醅面干如蜂窠眼子，拨扑有酒涌起，即是熟也。

供御、祠祭：十月造，酘后二十日熟；十一月造，酘后一月熟；十二月造，酘后五十日熟。

【注释】

① 投醹：通过多次投饭法酿造的酒。醹，味甘醇厚的酒。厮应：互相照应。

② 头脚：头，指再投的饭料。脚，指脚饭，也称酒母。

③ 脚嫩：指投料刚开始发酵。

④ 上槽：榨酒。槽，酒槽。

《红桃白梨》
（清）邹一桂　收藏于中国台北故宫博物院

梨子也能酿酒。根据《花木考》记载："有所谓山梨者，味极佳，意颇惜之。漫用大瓮储百枚，以葍盖而泥其口，意欲久藏，施取食之，久则忘之。及半岁后，因园中，忽闻酒气熏人，清冷可爱，湛然甘美，真酿也。饮之辄醉。"

【译文】

投醹最重要的是互相照应，不可过，也不可不及。当饭料发酵旺盛时，如果不立即分减，等到其发过头再投米，就不止是酿出的酒味道淡薄那么简单，而且由于曲量少不能充分促进甜醹的发酵，首尾不能相顾，很容易导致酒产生酸味。如果饭料不够，曲力小，投米太早，甜醹温度低，发酵不足，就会出现过粘的现象，这被酿酒的人叫作"擸了"。因此，应在发酵强烈时立即投米，天气寒冷时按四六的比例投饭，温凉适宜时按对半的比例投饭，炎热时按三七的比例投饭。《酘法总论》说："天暖时二分为脚、一分投；天寒时中对半投；极寒时一分为脚、二分投；大热或更不投。"还有一种方法：只看醹脚发得紧慢，发得紧加料，发得慢减料，这也是不错的办法。若醹脚发得正好，就用甜饭按次数投放；如果发得太紧，担心酒味太辣，就添入一二斗米；如果发得太慢，担心酒味太甜，就加入三四斤曲，决定酒的味道就在此时。

无论在什么时候投醹都要先彻底放凉。《齐民要术》说："之所以选择在桑叶落下的时候酿酒，是因为黍米一定要冷透。"当酘饭完全冷透了酒才会产生辣味，这就是所谓的"偷甜"。在天气寒冷时投饭要手动揉烂，而在天气温凉时则不需要，在天气炎热的时候，只需要混合均匀就好，不然就会伤到人气。北方人在秋天和冬天投饭只取一半的脚醹，将其与投饭一起放在案上充分混合，然后将其移入瓮中，但用旧醹覆盖。在夏天，脚醹必须完全取出并在案上混合，并且必须去除脚醹中的酸味。还有另一种方法：如果脚饭发得紧就

放在案子上搅拌；如果脚饭发得慢就放在瓮里搅拌，这样也不错。天气寒冷时用草盖瓮，天气温暖时用垫子盖，如果天气炎热，发得又紧，就只用布遮盖，瓮边的冷醅必须用手在底部混合，继而将其拢到瓮中央。天气冷时，用热水烫胳膊以增加热量；热的时候，就用木杷搅拌一下，在任何时候，都应该不断地用抹布擦拭瓮壁上的水滴。五天后，就不需要再搅拌了。如果米粒消化而沸涌未止，那是因为曲力太大，最好再投一次饭；如果沸涌停止、醅面塌陷，就要用泥封住瓮口，在不通风的条件下存放。夏天存放十余天，深冬存放四十天，春秋存放二十三四天，然后可上槽压榨了。总的来说，要认识到天气冷暖以及北方和南方的气候之间的差异，就会知道酒熟有早晚之分，不必拘泥于天数。酿酒的工人检查醅面，看它们是否生熟，然后用手探查，拨动时如果有声音，就是还不成熟；如果醅面干燥得像蜂窠眼子一样，并且拨扑时有酒涌出，那就是熟了。

供御用、祠祭用的酒，十月酿造，投饭二十天后成熟；十一月酿造，投饭一个月后成熟；十二月酿造，投饭五十天后成熟。

酒器

东南多瓷瓮，洗刷净便可用。西北无之，多用瓦瓮。若新瓮，用炭火五七斤，罩瓮其上，候通热，以油蜡遍涂之；若旧瓮，冬初用时，须薰过。其法：用半头砖铛脚安放，合瓮砖上，用干黍穰文武火^①薰，于甑釜上蒸，以瓮边黑汁出为度，然后水洗三五遍，候干，用之。更用漆之，尤佳。

【注释】

① 文武火：文火，火小而弱；武火，火大而猛。

【译文】

东南多瓷瓮，洗刷干净之后就可以使用。西北没有瓷瓮，多用瓦瓮。如果是新的瓮，点燃五、七斤的炭火，把瓮放在上面，当瓮身都烧热时，用油蜡涂抹；如果是旧瓮，在初冬使用时必须进行熏蒸。方法：将半头砖架立起来，把瓮放在上面，用干柴大、小火先后熏一下，放在甑釜上蒸，直到瓮边渗出黑汁，然后用水洗上三五遍，晾干后再使用。如果瓮被漆过，酿酒的效果会更好。

酒坊与酒铺

选自《仿宋院本金陵图》卷 （清）杨大章 收藏于中国台北故宫博物院

宋代的饮酒器以银质为主。《东京梦华录》中记载："其正酒店户，见脚店三两次打酒，便敢借与三五百两银器。以至贫下人家，就店呼酒，亦用银器供送。有连夜饮者，次日取之。诸妓馆只就店呼酒而已，银器供送，亦复如是。其阔略大量，天下无之也。"意思是说那些获得官方酿酒许可的大酒店，当他们遇到只买过三两次零酒的小酒店时，都敢借给他三五百两银器。就连那些来店里招呼送酒的穷人家，送酒时也是使用银器盛装。有的人要彻夜饮酒，银器就暂留在那里，等到第二天再去取。那些妓院只是去酒店招呼送酒，酒店也用银器送酒，各家都是这样的。东京汴梁城的酒家借银器时手续之简省、度量之宽宏无有出其右者。

酒梢桶

《析津志》中记载："酒以木作长桶盛之担送，名酒梢。"

酒梢桶　选自《清明上河图》　（宋）张择端　收藏于北京故宫博物院

酒梢桶　选自《清明上河图》　（宋）张择端　收藏于北京故宫博物院

上槽①

造酒，寒时须是过熟，即酒清②数多，浑头白醅③少；温凉时并热时，须是合熟便压，恐酒醅过熟，又槽内易热，多致酸变。大约造酒，自下脚至熟，寒时二十四五日，温凉时半月，热时七八日，便可上槽。仍须匀装停铺，手安压版，正下砧④、箪。所贵压得匀干，并无箭失。转酒入瓮，须垂手倾下，免见濯损酒味。寒时用草荐、麦麸围盖，温凉时去了，以单布盖之，候三五日，澄折清酒入瓶。

【注释】

① 上槽：上槽压榨，分离酒液与酒糟的工艺。

② 酒清：清澈、透明的位于酒醪上层的酒液。

③ 浑头白醅：白色浑浊的沉淀。

④ 砧：砧板。箪：竹编的席子。

【译文】

在寒冷的天气里酿酒，要完全熟制才能上槽压榨，即酒液清且多，其中的沉淀很少；当天气温凉和炎热时，酒酿一熟就要进行压榨，以免酒醅在槽中长期储存以致过热变酸。从下饭料到酿熟，酿酒大约需要二十四五天的时间，在天气温凉时需要半个月，在天气热的时候需要七八天就可以上槽进行压榨了。但是，要均匀地铺开，用手按压，放正砧、簟。重要的是要均匀按压别让酒液溢出。倒酒入瓮时，应该将手垂下来倒，以免酒洒出来破坏酒的味道。天冷时用草席和麦麸盖瓮，天气温凉时去掉，只用一块布覆盖。三五天后，将酒澄清就可以分装入瓶了。

杜甫像
选自《古圣贤像传略》清刊本（清）顾沅\辑录 （清）孔莲卿\绘

杜甫曾作《羌村三首》："萧萧北风劲，抚事煎百虑。赖知禾黍收，已觉糟床注。"意思是，北风萧瑟，内心因事情多而烦闷。好在禾黍丰收，仿佛能感觉到糟床上已经滴下酿出的酒来。

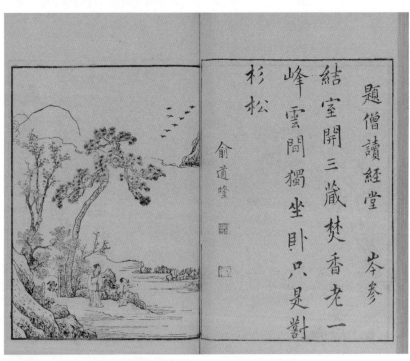

題僧讀經堂　岑參

結室開三藏焚香老一
峰雲間獨坐卧只是對
杉松

俞道隆

岑参像　选自《唐诗画谱》明刊本　（明）黄凤池

岑参《太白东溪张老舍即事寄舍弟侄等》：中庭井阑上，一架猕猴桃。石泉饭香粳，酒瓮开新槽。诗中描写了山里人的神仙生活。锅里是山泉煮的粳米，打开酒瓮，里面是新榨好的酒。

《唐明皇招饮李白图》（局部） （明）佚名　收藏于美国波士顿博物馆

李白曾作《金陵酒肆留别》：风吹柳花满店香，吴姬压酒唤客尝。金陵子弟来相送，欲行不行各尽觞。意思是，在春风习习、柳花飞舞的酒店里，美丽的吴姬将酒从酒槽中压出，热情地请客人品尝。

收酒

上榨以器就滴，恐滴远损酒，或以小杖子^①引下亦可。压下酒，须先汤洗瓶器，令净，控干。二三日一次折澄，去尽脚。才有白丝即浑，直候澄析得清为度，即酒味倍佳，便用蜡纸封闭。务在满装，瓶不在大。以物阁起，恐地气发动酒脚^②，失酒味，仍不许频频移动。大抵酒澄得清，更满装，虽不煮，夏月亦可存留。

【注释】

① 小杖子：此处指在榨箱下方用于引酒的器具。

② 酒脚：酿造结束后残留在酒中的固形物。

【译文】

上槽榨酒要使用器皿来接着，如果离得很远，滴出来的酒就可能有损失，或者用小杖子把酒引下来。压榨时，应先烫一下容器，清洗并控干水分。瓶内的酒应每两三天澄清一次，以去除沉淀物。酒液中一有白色的丝状物就会浑浊，所以要待其完全澄清，这样酒的味道就更好，然后用蜡纸密封。

瓶子的大小是无关紧要的，但一定要装满酒。装酒的容器下一定要垫东西，以免地气侵入酒脚，失去酒味，也不要频频移动。基本上只要酒是清澈的，并且装满了整个瓶子，即使不经过煮制，也可以在夏天保存。

范蠡像
（近代）张大千

范蠡，春秋末期著名的政治家、军事家和经济学家，被后世称为"商圣"。在越国战败后与吴国签订的降书中，有向吴国提供礼物的条款，礼物当中就包括了米酒。当年，越国农业落后，水稻、谷子产量低，品质差，酿造技术也差，酒的颜色、味道都很普通。范蠡明白，为了赢得吴王的青睐、放松对越国经济发展和军事扩张的警惕，贡献的美酒能起到重要作用。于是，他从家乡万邑聘请了一位著名酿酒师，将酵母带到新都会稽山指导酿酒并亲自在现场监督。因此，会稽山酒就像琥珀一样清澈透明，浓香四溢，完美达到了麻痹吴王夫差及群臣的目的。

煮酒

凡煮酒，每斗入蜡①二钱、竹叶五片、官局天南星丸半粒，化入酒中，如法封系，置在甑中。然后发火②，候甑箄上酒香透。酒溢出倒流，便揭起甑盖，取一瓶开看，酒滚即熟矣，便住火，良久方取下，置于石灰中，不得频移动。白酒须泼得清，然后煮。煮时瓶用桑叶冥之。

【注释】

① 蜡：蜜蜡。

② 发火：起火，点火。

【译文】

大凡煮酒，每斗酒加入蜜蜡二钱、竹叶五片、官局配置的天南星丸半粒，溶入酒中，根据要求密封放入甑中。然后烧火，等到酒香从蒸笼里发散出来。当酒溢出并倒流时，打开甑盖，取一瓶打开查看，酒液沸腾就说明熟了。接着就熄火，等较长时间再取出放入石灰中，不要频繁地移动。白酒应该泼清后再倒进去煮。煮时瓶子用桑叶盖着。

青梅

宋人尤其喜爱青梅煮酒，故此留下了不少传世名篇。

梅子图

选自《本草图谱》 ［日］岩崎灌园 收藏于日本东京国立国会图书馆

晏殊《诉衷情》：青梅煮酒斗时新。天气欲残春。东城南陌花下，逢著意中人。
回绣袂，展香茵。叙情亲。此时拼作，千尺游丝，惹住朝云。

梅子图

选自《本草图谱》 [日]岩崎
灌园 收藏于日本东京国立国
会图书馆

晁冲之《玉蝴蝶》：目断江南
千里，灞桥一望，烟水微茫。
尽锁重门，人去暗度流光。雨
轻轻、梨花院落，风淡淡、杨
柳池塘。恨偏长。佩沈湘浦，
云散高唐。清狂。重来一梦，
手搓梅子，煮酒初尝。寂寞经
春，小桥依旧燕飞忙。玉钩栏、
凭多渐暖，金缕枕、别久犹香。
最难忘。看花南陌，待月西厢。

梅子图

选自《本草图谱》 [日]岩崎
灌园 收藏于日本东京国立国
会图书馆

谢逸《望江南》：临川好，柳
岸转平沙。门外澄江丞相宅，
坛前乔木列仙家。春到满城花。
行乐处，舞袖卷轻纱。谩摘青
梅尝煮酒，旋煎白雪试新茶。
明月上檐牙。

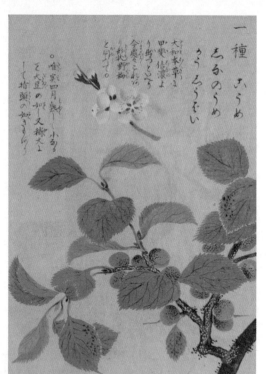

梅子图

选自《本草图谱》 ［日］岩
崎灌园 收藏于日本东京国
立国会图书馆

贺铸《木兰花》：朝来著眼
沙头认。五两竿摇风色顺。
佳期学取弄潮儿，人纵无情
潮有信。纷纷花雨红成阵。
冷酒青梅寒食近。漫将江水
比闲愁，水尽江头愁不尽。

梅子图

选自《本草图谱》 ［日］岩
崎灌园 收藏于日本东京国
立国会图书馆

汤恢《八声甘州·摘青梅荐
酒》：摘青梅荐酒，甚残寒，
犹怯苎萝衣。正柳腴花瘦，
绿云冉冉，红雪霏霏。隔屋
秦筝依约，谁品春词？回首
繁华梦，流水斜晖。寄隐孤
山山下，但一瓢饮水，深掩
苔扉。羡青山有思，白鹤忘机。
怅年华、不禁搔首，又天涯、
弹泪送春归。销魂远，千山
啼鴂，十里荼䕷。

火迫酒

　　取清酒澄三五日后，据酒多少，取瓮一口，先净刷洗讫，以火烘干。
于底旁钻一窍子，如筯①粗细，以柳屑子②定。将酒入在瓮，入黄蜡半斤，
瓮口以油单子盖系定。别泥一间净室，不得令通风，门子可才入得瓮。
置瓮在当中间，以砖五重衬瓮底，于当门里著炭三秤笼，令实，于中心
著半斤许，熟火，便用闭门，门外更悬席帘。七日后方开，又七日方取
吃。取时以细竹子一条，头边夹少新绵，款款抽屑子，以器承之，以绵
竹子遍于瓮底搅缠，尽著底，浊物清，即休缠。每取时，却入一竹筒子，
如醋淋子，旋取之。即耐停不损，全胜于煮酒也。

【注释】

① 　筯：筷子。

② 　柳屑子：柳木做的塞子。

《韩熙载夜宴图》▶

（五代南唐）顾闳中\原作　此为宋人摹本　收藏于北京故宫博物院

这幅图描绘了官员韩熙载一家举办晚宴、唱歌作乐的场景。画面中描
绘了韩府完整的宴饮过程，即演奏琵琶、观看舞蹈、宴会中间休息、
清吹和送客五个场景。

【译文】

清酒澄清三五天后，根据酒的量选择一口瓮，先将其洗干净，然后用火燎干。在瓮底部钻一个和筷子一样粗的小孔，然后用柳木塞塞住。将酒倒入罐子中，加入半斤黄蜡，用油纸覆盖罐子口并将其绑紧。另外找一干净房间，涂上泥浆将其封住，不要让它通风，房门正好只能放得进瓮。瓮应该放在房间的中间，瓮底用五层砖垫着，再把三秤笼炭放进屋里对着门的地方，堆起压实，然后把半斤木炭放在中心点燃，等火烧旺时关上门，门外还要悬挂一个席帘。七天后打开房门，再过七天就能饮用了。取酒的时候，找一根细竹子，在其前端裹上一点新棉花，慢慢拉出瓮底的木塞，用容器接酒，用裹着棉花的竹子在瓮底来回搅拌，直到罐子底部的污垢被清理干净。取用时，插入一个像醋淋子一样的竹筒，以便于快速取用。这样做酒的味道会持续很长时间，比煮酒更好。

堅言妾十娉幸李卓吾私
戲之云陳郎衫色如裝戲韓子資
敢肆如此後遷中書侍郎卒於私第

唐韓滉鎮宣樾器有識者甘迁粗葉不特
地初家李昇所送事便覺相期不如遙郎君名通家聲色
胡琴嬌小六么舞踩揮揚如敵吏一朝奏禪耶預謀論比中原
持不偷惜置用渠李恩于非命世往北臣以计玄臨游宴龍長
難外位端後末路九革終見崟姒妓醉寂夢後王終
名易全德置畫狂甦景刷宝樂妃酒酔寂表盛
配不妨杜牧朗吟詩典論莊王绝櫻事于春定三年十月
怀志考功題

韓熙載兩萬两大是奇事此給不敢素
嶽 積王齋主人觀并識

畫渰本唐人略無後来筆
管之殘疎書欵為寶
寄意玄畫直作解脫相
挺郭汾陽本手老壯之士
王老親預家藏善護捋之

善無宋代題識宗入明人真賞也其為原
是其父章亞一同或善書賢者不
孫王老

南唐韓熙載齊人也朱溫時以進士登
人史盧白在嵩岳聞先主輔政順義
名為商賈偕盧白渡淮歸建康並
而盧白不就退隱廬山熙載詞學博
性自任頗躭聲色不事名檢先主不
禪位遷祕書郎嗣主于東宮元宗即
兵部侍郎及浚旺嗣位頗疑北多以
遂放意杯酒間竭其財致妓樂殆百
後主屢欲相之聞其縱離即罷常與
士陳致雍門生舒雅紫微朱銑狀元
坊副使李家明會飲李之妹按胡琴公
女妓王屋山舞六么屋山俊惠非常二妓
幼令出家號凝酥素質浚主每伺其家
山頭宏中非丹青以進筑所燕爲左

曝酒法

平旦^①起，先煎下甘水^②三四升，放冷，著盆中。日西，将衡正^③纯糯一斗，用水净淘，至水清，浸良久方漉出，沥令米干，炊，再馏饭^④，约四更饭熟，即卸在案桌上，薄摊，令极冷。昧旦日未出前，用冷汤二碗拌饭，令饭粒散不成块。每斗用药二两，只槌碎为小块并末，用手糁拌入饭中，令粒粒有曲，即逐段拍在瓮四畔，不须令太实，唯中间开一井子，直见底。却以曲末糁醅面，即以湿布盖之。如布干，又渍润之。候浆来并中满，时时酌浇四边。直候浆来极多，方用水一盏，调大酒曲一两，投井浆中，然后用竹刀界醅，作六、七片，擘碎番转。即下新汲水二碗，依前湿布罨之，更不得动。少时自然结面，醅在上，浆在下。即别淘糯米，以先下脚米算数。隔夜浸破米心，次日晚夕炊饭，放冷，至夜酘之。取瓮中浆来拌匀，捺在瓮底，以旧醅盖之，次日即大发。候酘饭消化，沸止方熟，乃用竹篘^⑤篘之。若酒面带酸，篘时先以手掠去酸面，然后以竹篘插入缸中心取酒。其酒瓮用木架起，须安置凉处，仍畏湿地。此法夏中^⑥可作，稍寒不成。

【注释】

① 平旦：清晨。

② 甘水：甜水。

③ 衡正：纯正。衡，纯粹。

④ 馏饭：蒸饭。

⑤ 竹篱：一种用竹子编成的用于过滤酒的器具。

⑥ 夏中：夏天。

【译文】

　　早上，煎三四升甜水，冷却后放入盆中。当太阳落山后，选择一斗纯好的糯米，用水清洗干净并浸泡一段时间，控干水分，上甑炊蒸，到四更天左右，饭熟，将蒸熟的米饭薄薄地摊在桌子上，让其冷却。在第二天太阳升起之前，用两碗凉水拌饭，拌散，不要结块。每斗米要用二两药曲，将药曲用药曲槌打碎成小块，用手将其混合到饭中，使每粒大米都沾上药曲，然后将其一段一段地拍在瓮的四周，不用拍得太结实，然后在米饭的中间，剜一个直到底部的坑。接着把曲末铺在醅面上，再盖上湿布，如果布变干了，就用水打湿。酵浆开始溢满中间的坑后，不时将其倒在四面的饭上；酵浆越来越多时，用一碗水混合一两大酒曲，将其倒入充满酵浆的井坑中，然后用竹刀将醅面切成六块或七块，打碎并翻过来。随即加入两碗新打的井水，并和前面一样用湿布覆盖，这样就不用再翻动了。在短时间内酒醅就会自然结面，醅面在上，酵浆在下。此时，再另外淘洗糯米，根据先前所使用的量计算。将米浸泡一夜至完全浸透，第二天晚上将米蒸熟，放凉后投入，从瓮中取出浆料与之搅拌均匀，压在瓮底，盖上旧醅，第二天就会完全发酵。等到所投的米反应完毕，沸涌停止，就意味着酿熟了，这时用竹篘对酒进行过滤。如果酒面带有酸味，那么在过滤之前要用手去除酸面，然后将竹篘插入瓮的中心以取酒。酒瓮应该置于木架上，放在阴凉的地方，酒瓮的放置忌讳潮湿的地方。这种酿酒方法在夏季可用，但在天气寒冷时不可用。

《筱园饮酒图轴》 （清）罗聘 收藏于美国纽约大都会艺术博物馆

此画所绘为画家与其朋友聚会的场景，园子里有雾气围绕，有苍松翠竹相互交织，而屋内有儿童在玩耍，为人墨客觥筹交错的场景。

白羊酒

　　腊月，取绝肥嫩羯^①羊肉三十斤，连骨，使水六斗已来，入锅煮肉，令极软。漉出骨，将肉丝擘^②碎，留著肉汁。炊蒸酒饭时，匀撒脂肉拌饭上，蒸令软。依常盘搅，使尽肉汁六斗。泼馈了，再蒸良久，卸案上摊，令温凉得所。拣好脚醅，依前法酘拌，更使肉汁二升以来，收拾案上及元压面水。依寻常大酒法日数，但曲尽于酴米中用尔。

【注释】

①　羯：公羊。

②　擘：切开。

【译文】

　　在腊月挑选三十斤特别肥嫩的连骨羯羊肉，在锅中加入六斗水将肉煮至极软。去掉骨头，打碎肉丝，留下肉汁。煮酒饭时，将肥肉均匀地撒在饭上，蒸熟后按一般办法搅拌，将六斗肉汁完全倒入饭料中。将沸浆水泼洒到饭中后，再蒸上一段时间，接着将饭料摊开在案板上，晾至温凉。挑选质量好的脚醅，依照前法酘料搅拌，再倒入两升肉汁混合均匀。清理案上摊的饭料及元压面水。可按照一般大酒法的天数酿造，不过酒曲要完全用在酴米之中。

《古木酒仙图》 （明）陈子和　收藏于美国纽约大都会艺术博物馆

地黄酒

地黄择肥实大者，每米一斗，生地黄一斤，用竹刀切，略于木、石臼中捣碎，同米拌和，上甑蒸熟，依常法入酝，黄精①亦依此法。

【注释】

① 黄精：一种多年生草本植物，根茎可以入药。

【译文】

选择果实肥大的地黄，每一斗米用一斤生地黄，用竹刀切开随后放在木臼或石臼中捣碎，与米拌在一起，在甑上蒸熟，依照常法装入瓮中酿造。黄精酒的酿造也与这种方法相同。

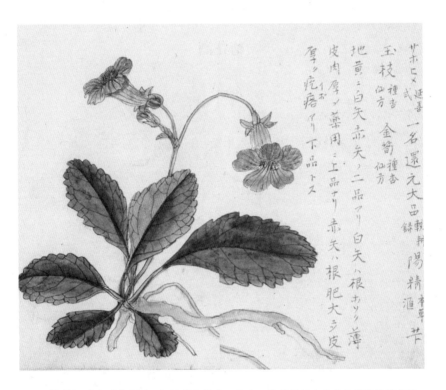

155

地黄　选自《本草图汇》19世纪绘本　佚名　收藏于日本东京大学附属图书馆

菊花酒

九月，取菊花曝干，揉碎，入米饙①中，蒸，令熟，酝酒如地黄法。

【注释】

①　米饙：蒸熟的米饭。

【译文】

在农历九月时晒干菊花，揉碎加入饭料当中，蒸熟后按照酿地黄酒的方法酿造。

菊花酒

酿制菊花酒在我国有着悠久的历史，晋代葛洪《西京杂记》卷三说："九月九日，佩茱萸，食蓬饵，饮菊花酒，令人长寿。菊花熟时，并采茎叶，杂黍米酿之，至来年九月九日始熟，就饮焉，故调之菊花酒。"在重阳节这一天古人要登高、赏菊、插茱萸、品菊花酒。后世耳熟能详的有唐代王维的《九月九日忆山东兄弟》。

茱萸　选自《本草图谱》　[日]岩崎灌园　收藏于日本东京国立国会图书馆

山茱萸是一种中药材，具有杀虫、消毒、驱寒、祛风的作用，在民间有"辟邪翁"之称。

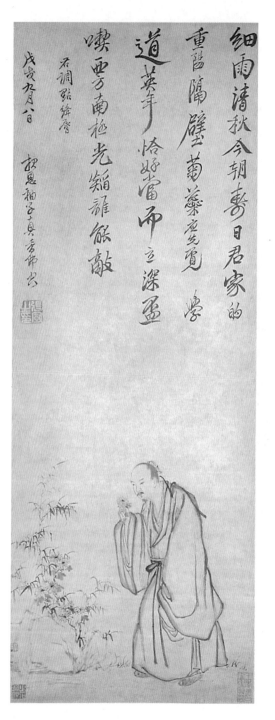

《渊明嗅菊图》
（清）张风 收藏于北京故宫博物院

九月赏菊▶
选自《雍正十二月行乐图》
（清）郎世宁 收藏于北京故宫博物院

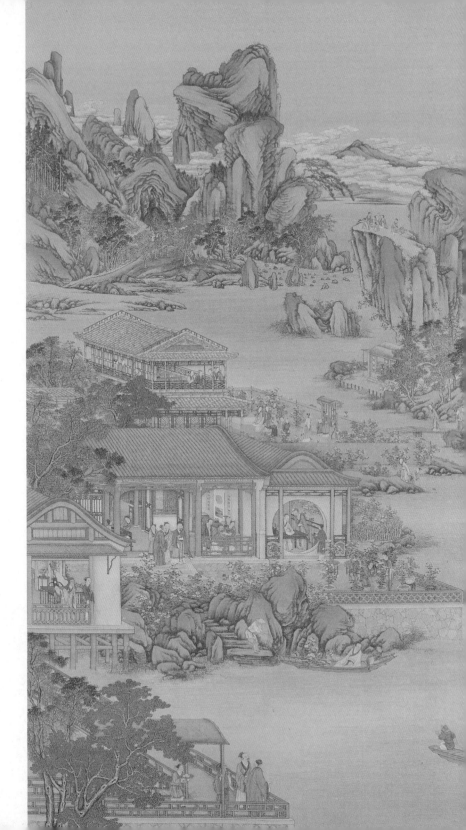

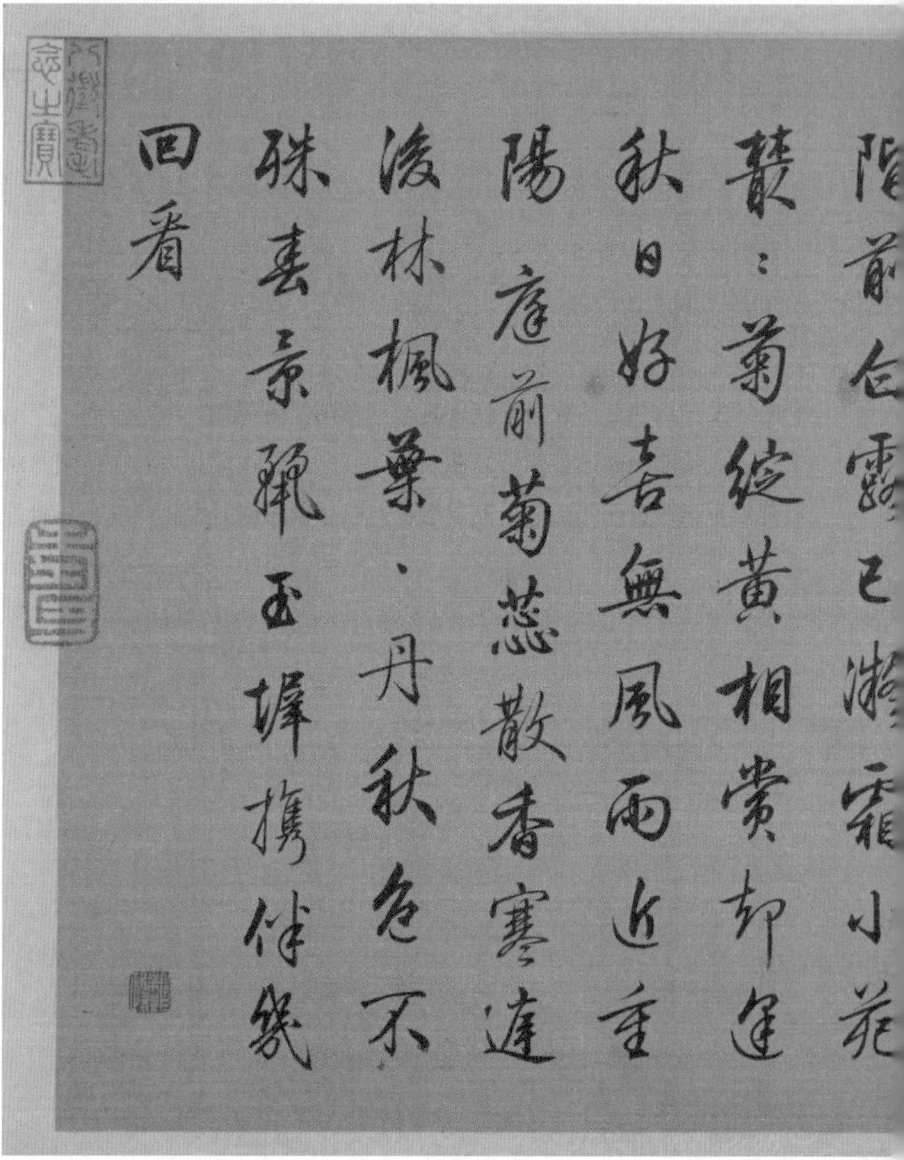

階前色露已瀼霜小花

叢：菊綻黃相賞却逢

秋日好喜無風雨近重

陽庭前菊蕊散香寒逼

浚林楓葉丹秋色不

殊春景瓅玉壇攜伴笑

回看

九月重阳赏菊　选自《月曼清游图》册　（清）陈枚　收藏于北京故宫博物院

164

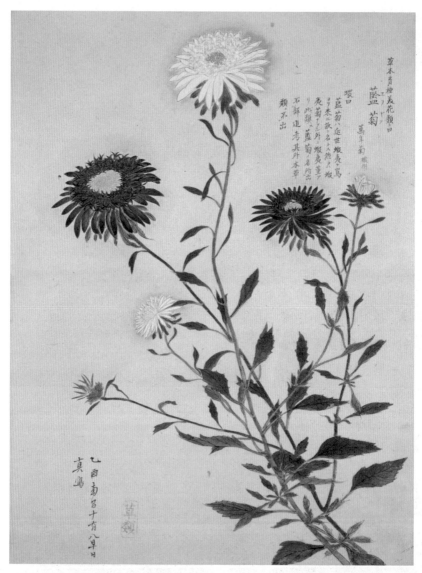

兰菊　选自《百花画谱》　［日］毛利梅园　收藏于日本东京国立国会图书馆

根据《竹屿山房·杂部》对菊花酒的记载：以九月菊花盛开时，拣黄菊嗅之香、尝之甘者，摘下晒干，每清酒一斗用菊花头二两，生绢袋盛之悬于酒面上约离一指高，密封瓶口，经宿去花袋，其味有菊花香。

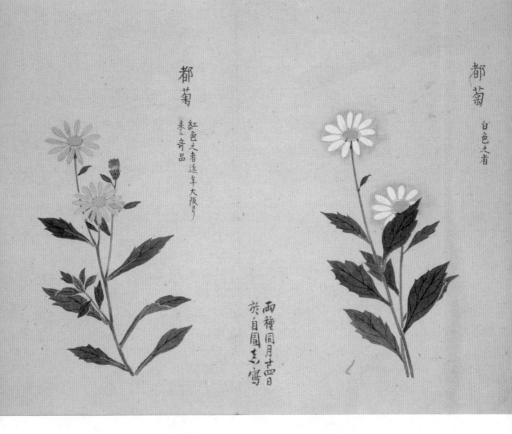

都菊

选自《百花画谱》 [日]毛利梅园 收藏于日本东京国立国会图书馆

郭震《子夜四时歌》中有诗句：辟恶茱萸囊，延年菊花酒。与子结绸缪，丹心此何有。

真寒菊

选自《百花画谱》 [日]毛利梅园
收藏于日本东京国立国会图书馆

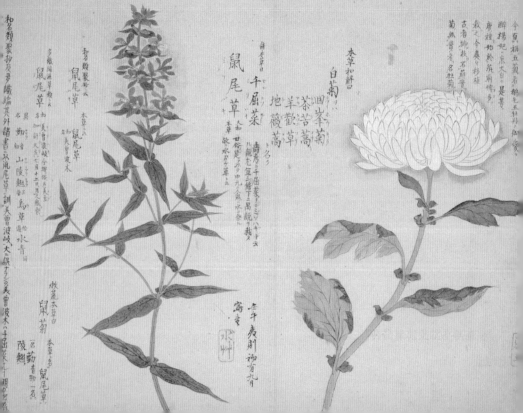

▲ 菊桃

选自《本草图谱》 ［日］岩崎灌园 收藏于日本东京国立国会图书馆

格调高雅的菊花露酒，直到清朝还比较流行。曹雪芹的祖父曹寅就喜欢以掺兑菊花露的美酒招待宾客，曹寅《菊露和酒》中有诗句：连瓶倾一杯，新意众已欢。

◀ 白菊

选自《百花画谱》 ［日］毛利梅园 收藏于日本东京国立国会图书馆

《五王醉归图》 （元）任仁发 收藏于上海龙美术馆

酴醾①酒

七分开酴醾，摘取头子，去青萼，用沸汤绰②过，纽干。浸法酒③一升，经宿，漉去花头，匀入九升酒内，此洛中法。

【注释】

①　酴醾：花名。

②　绰：同"焯"，放进开水里稍微一烫就捞起。

③　法酒：依照固定方法酿出的酒。

【译文】

选取七分开的酴醾，摘取花头，去掉青萼，用开水焯一下，控干水分。再用法酒一升将其浸透，隔夜后漉去花头，将酒液匀入到九升酒内，这是洛中地区的酿造方法。

葡萄酒法

酸米入甑蒸，气上，用杏仁五两，葡萄二斤半，与杏仁同于砂盆内一处，用熟浆三斗，逐旋研尽为度，以生绢滤过。其三斗熟浆泼饭软，盖良久，出饭，摊于案上。依常法，候温，入曲搜拌。

【译文】

把酸米饭放进甑里蒸，直到蒸汽上来。将五两杏仁和两斤半葡萄一起放入砂盆中。将三桶熟浆倒入其中，直到熟浆均匀渗入其中，然后用生绢过滤。接着将三斗熟浆倒入米饭中，使其变软，盖上盖子等待一段时间，取出米饭并铺在桌子上。按照通常的方法，当米饭晾温时，加入酒曲混合。

葡萄 选自《本草图谱》 〔日〕岩崎灌园 收藏于日本东京国立国会图书馆

河南贾湖遗址的考古发掘发现，在新石器时代早期，嘉湖的祖先就开始酿造和饮用由水果发酵的饮料，这是世界上最早的酒。果酒汁浓黏稠，酒味甘甜，满屋飘香。李贺曾吟《将进酒》赞美称："琉璃钟，琥珀浓，小槽酒滴真珠红。"

葡萄　选自《本草图谱》　[日]岩崎灌园　收藏于日本东京国立国会图书馆

曹植《种葛篇》中有诗句：种葛南山下，葛藟自成阴。与君初婚时，结发恩义深。

葡萄　选自《本草图谱》　[日]岩崎灌园　收藏于日本东京国立国会图书馆

陆机《饮酒乐》：蒲萄四时芳醇，琉璃千钟旧宾。夜饮舞迟销烛，朝醒弦促催人。春风秋月桓好，欢醉日月言新。

《葡萄图》

（清）边寿民

梅尧臣《寄送许待制知越
州》：喜公新拜会稽章，
五月平湖镜水光。菡萏花
迎金板舫，葡萄酒泻玉壶
浆。云归秦望山头静，雨
洗若耶溪上凉。天子不能
烦待从，可将吟咏报时康。

▲《葡萄图》 （清）恽寿平 收藏于北京故宫博物院

汪元量《冬至日同舍会拜》：燕市人争看秀才，团欒此日会金台。葡萄酒熟浇驼髓，萝蔔羹甜煮鹿胎。砚笔寂寥空洒泪，管弦鸣咽自生哀。雪寒门户宾朋少，且拨红炉守泰来。

《葡萄松鼠图》▶

（近代）齐白石 收藏于天津博物馆

陆游《夜寒与客烧干柴取暖戏作》：槁竹干薪隔岁求，正虞雪夜客相投。如倾潋潋蒲萄酒，似拥重重貂鼠裘。一睡策勋殊可喜，千金论价恐难酬。他时铁马榆关外，忆此犹当笑不休。

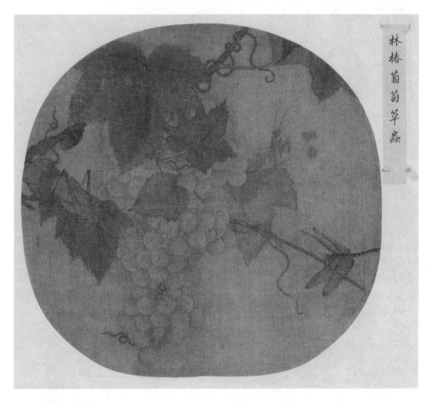

▲《葡萄草虫图》 （宋）林椿 收藏于北京故宫博物院

张可久《山坡羊·春日》：芙蓉春帐，葡萄新酿，一声《金缕》槽前唱。锦生香，翠成行，醒来犹问春无恙，花边醉来能几场？妆，黄四娘。狂，白侍郎。

《葡萄松鼠图》▶

（明）周之冕 收藏于中国台北故宫博物院

张可久《酒边索赋》：舞低杨柳困佳人，酷泼葡萄醉晚春，词翻芍药分难韵。乐清闲物外身，生前且自醺醺。范蠡空遗像，刘伶谁上坟？衰草寒云。

猥酒

每石糟，用米一斗煮粥，入正发酷一升以来，拌和糟，令温。候一、二日，如蟹眼发动，方入曲三斤、麦蘖末四两搜拌，盖覆，直候熟。却将前来黄头①，并折澄酒脚倾在瓮中，打转，上榨。

【注释】

① 黄头：黄衣，指饭料上生出的黄色菌群。

【译文】

每一石糟，用一斗米煮粥，加入一升正在发酵的酒醅，混合搅拌后晾温。一两天后，如果酒醅中有像蟹眼一样的气泡出现，则加入三斤酒曲和四两麦蘖末混合，盖上盖子，直到酒熟。将其中渗出的黄头和沉淀过滤后的酒脚倒入瓮中转圈搅拌，然后上槽压榨。

苏辙像

选自《古圣贤像传略》清刊本　　（清）顾沅＼辑录　　（清）孔莲卿＼绘

苏洵与两个儿子苏轼、苏辙被后人共称为"三苏"。苏辙曾作《戏作家酿酒二首·其一》：方暑储曲蘖，及秋春秫稻。甘泉汲桐柏，火候问邻媪。唧唧鸣瓮盎，暾暾化梨枣。一拨欣已熟，急挹嫌不早。病色变渥丹，羸躯惊醉倒。子云多交游，好事时相造。嗣宗尚出仕，兵厨可常到。嗟我老杜门，奈此平生好。未出禁酒国，耻为瓮间盗。一醉汁滓空，入腹谁复告。

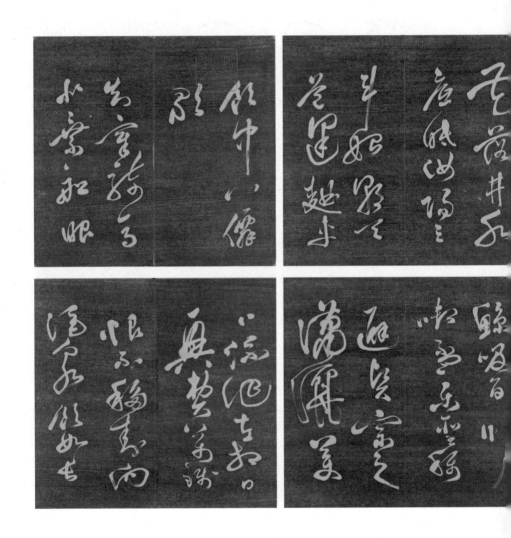

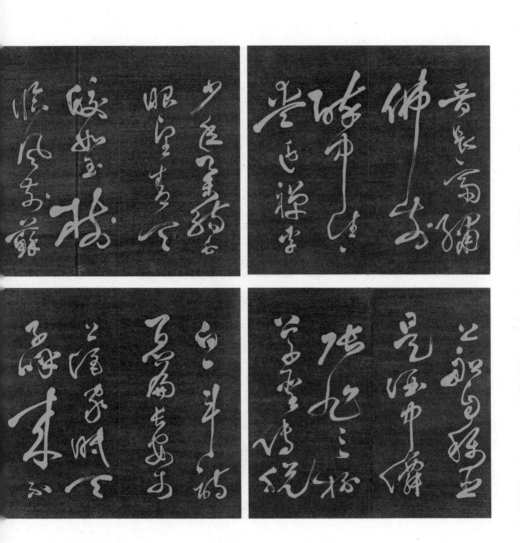

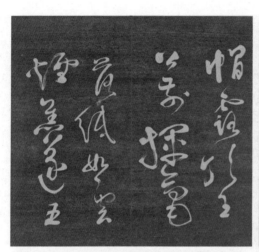

初學之士必先課讀語孟及其學成
識芝而溫故知新愈精愈深而終不
能離語孟範圍也學書者亦然幼而
習者而熟始悟運腕之妙其故亦入
最不可不正也枝山是書雅健而不

險飄逸而不俚風韻態度優入晋唐
之域茎熟之功使人梅歎不措焉帖
係伊勢人一見氏昕藏其為真蹟盖
不容疑借覽數日命工鋟榫以公之
文苑若夫駊通變化得筆意荻默畫
所勢之外則存于其人焉固不俟余

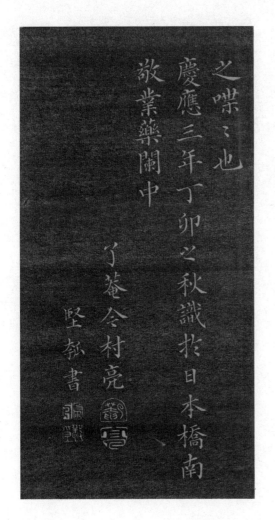

《饮中八仙歌》

（明）祝允明　收藏于日本
东京国立国会图书馆

《万树园赐宴图》　（清）王致诚　收藏于北京故宫博物院

《春夜宴桃李园图》 （明）仇英 收藏于中国台北故宫博物院

《鹿鸣嘉宴图》 （明）谢时臣 收藏于中国台北故宫博物院

神仙酒法

导读

　　本卷记载了"武陵桃源酒法""真人变髭发方""冷泉酒法"三种酒的酿造方式以及"妙理曲法""时中曲法"两种酒曲的制备过程。作者借这类具有养生性质的精酿酒，传递出其希望人们通过饮酒可以获得健康身体和快乐心情的美好期待。

元代菊花景德镇瓷高足杯

元代景德镇窑霁青单把杯

元代彭窑牙黄小杯

元代慈州窑酒罐

明代酒器

　　明代酒器更加庞杂,《明本大字应用碎金》中对酒器的记载就有23种:"尊、榼、檽、罍子、果合、泛供、劝杯、劝盏、劝盘、台盏、散盏、注子、偏提、盂、杓、酒经、急须、酒罂、马盂、屈卮、觥、觞、太白。"

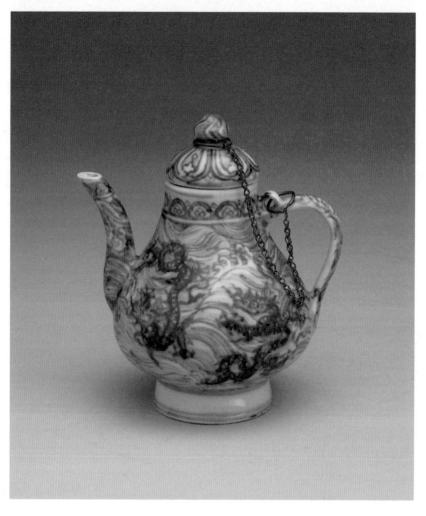

明代青花龙纹小执壶

明代成化斗彩花蝶纹杯

明代成化斗彩鸡缸杯

明代铜鎏金人物故事图八方螭耳杯

明代犀角雕葡萄杯

明代犀角雕玉兰杯

明代玉荷叶杯

武陵桃源酒法

取神曲二十两，细判如枣核大，曝干，取河水一斗，澄清浸待发。取一斗好糯米，淘三二十遍，令净，以水清为度。三溜炊饭令极软烂，摊冷，以四时气候消息之。投入曲汁中，熟搅令似烂粥，候发，即更炊二斗米，依前法，更投二斗。尝之，其味或不似酒味，勿怪之。候发，又炊二斗米，投之，候发，更投三斗。待冷，依前投之，其酒即成。如天气稍冷即暖和，熟后三五日，瓮头有澄清者，先取饮之，蠲除①万病，令人轻健，纵令醋酽，无所伤。此本于武陵桃源中得之，久服延年益寿，后被《齐民要术》中采缀编录，时人纵传之，皆失其妙。此方盖桃源中真传也。

今商量以空水浸曲末为妙。每造一斗米，先取一合以水煮，取一升澄取清汁浸曲，待发。经一日炊饭，候冷，即出瓮中，以曲熟和，还入瓮内，每投皆如此。其第三、第五皆待酒发后，经一日投之。五投毕，待发定讫。更一两日，然后可压漉，即泽大半化为酒。如味硬，即每一斗酒蒸三升糯米，取大麦曲蘖一大匙、神曲末一大分，熟搅和，盛葛袋中，内入酒瓶，候甘美，即去却袋。

凡造诸色酒，北地寒，即如人气投之；南中气暖，即须至冷为佳，不然，则醋矣已。北造往往不发，缘地寒故也。虽料理得发，味终不堪。但密泥头②，经春暖后，即一瓮自成美酒矣。

【注释】

① 蠲除：去掉。

② 泥头：封口用的泥巴。

【译文】

取神曲二十两，剉成枣核大小，晒干，取一斗河水，澄清后浸泡神曲，等待发酵。选择一斗上好的糯米，洗二三十次，直到水清澈为止。将糯米反复蒸至软烂，然后摊开凉透，这里要根据四季的气候来调整。将糯米放入曲汁中，不断搅拌直到看起来像烂粥一样，糯米发酵后再蒸两斗米，然后按照之前的方法放入曲汁。试尝一口，如果尝起来不像酒，也不必惊讶。又发酵时，再蒸两斗米放进去。等到第三次发酵时，再放三斗米。一直到酒饭的温度开始下降，再依照前法投入米饭，如此酒就酿成了。如果天气冷就把瓮稍稍加热。成熟后的三五天，瓮口汇有清澈的酒，可以先行取饮。这种酒可以消除所有疾病，使人健康，即使痛饮，也不会伤害身体。这种酿酒方法是从武陵桃源获得的，长期服用可以延长寿命。后来，《齐民要术》对其进行了整理和记录。当时人们肆意传播这个方子，致使本方逐渐被篡改以至失去了作用。本书记录的方法是桃源中的真传。

如今，人们更喜欢用水浸泡曲末。每用一斗米酿酒，首先取其中一合用水煮沸，从中取一升澄清液，用来发酵酒曲。隔天将要投的饭蒸好，摊开放凉，把脚饭从瓮中取出，与酒曲混合均匀，再放回瓮中。每一次投饭都是如此。第三次和第五次投饭后就等待发酵过一天后再投。第五次投饭后，后面是否继续投饭取决于发酵的情况。一两天后，就可以进行压榨过滤，大部分渣滓会化成酒。如果酒的味道很硬，每斗酒蒸三升糯米，取一匙大麦曲蘗和一大份神曲末，将它们混合，然后放在葛袋里装入酒瓶里，等酒变得甜美后就取出葛袋。

　　酿造各种酒的时候，北方天气寒冷，因此需要预热如人的体温时再投入饭料；南方天气温暖，最好放凉了再投入饭料，否则，酒会变酸。由于天气寒冷，北方的酒在酿造时通常不会发酵。虽然经过处理后可以发酵，但味道终归不好。只有用泥土密封罐口，经春暖之后，自然就能酿出一瓮美酒了。

▶ 桃源问津

选自《仿古山水》册　（清）王翚　收藏于南京博物院

《桃源图》

（宋）马和之　收藏于中国台北故宫博物院

陶渊明《桃花源记》：晋太元中，武陵人捕鱼为业，缘溪行，忘路之远近。忽逢桃花林，夹岸数百步，中无杂树，芳草鲜美，落英缤纷。渔人甚异之。复前行，欲穷其林。林尽水源，便得一山。山有小口，仿佛若有光，便舍船，从口入。初极狭，才通人。复行数十步，豁然开朗。土地平旷，屋舍俨然，有良田美池桑竹之属。阡陌交通，鸡犬相闻。其中往来种作，男女衣著，悉如外人。黄发垂髫，并怡然自乐。见渔人，乃大惊，问所从来，具答之。便要还家，设酒杀鸡作食。村中闻有此人，咸来问讯。自云先世避秦时乱，率妻子邑人来此绝境，不复出焉，遂与外人间隔。问今是何世，乃不知有汉，无论魏、晋。此人一一为具言所闻，皆叹惋。余人各复延至其家，皆出酒食。停数日，辞去。此中人语云："不足为外人道也。"既出，得其船，便扶向路，处处志之。及郡下，诣太守，说如此。太守即遣人随其往，寻向所志，遂迷，不复得路。南阳刘子骥，高尚士也，闻之，欣然规往。未果，寻病终。后遂无问津者。

《桃花源图》　（明）仇英　收藏于美国波士顿博物馆

《蓬莱仙境图》 （清）袁耀　收藏于北京故宫博物院

此画所绘仙山楼阁，云雾与海浪融为一体，宫殿华丽工整，山脉与云雾海浪具有动感，一动一静，有鲜明对比，画面气势恢宏。

《桃源问津图》

（清）任伯年　收藏于中国美术馆

此图绘有一位长者于桃花盛开，有奇石山景，云与水像从同一个地方过来的美景中，似乎迷路了正在问路的样子。后面衬以桃树几枝，随着风的变化向左倾斜。

真人变髭[①]发方

糯米二斗，地黄二斗，母姜四斤，法曲二斤。

右取糯米，以清水淘，令净。一依常法炊之，良久，即不馈。入地黄、生姜，相重炊。待熟，便置于盆中，熟搅如粥。候冷，即入曲末，置于通油瓷瓶、瓮中酝造。密泥头，更不得动，夏三十日，秋、冬四十日。每饥即饮，常服尤妙。

【注释】

① 髭：胡须。

树头酒 ▶
选自《本草图谱》 ［日］岩崎灌园 收藏于日本东京国立国会图书馆

据《酒颠补·圈中》记载："西南夷有树，类棕，高五六丈，结实大如李，土人以曲纳罐中，以索悬罐于实下，倒其实，取汁流于罐，以为酒，名曰树头酒。"

【译文】

　　两斗糯米，两斗地黄，四斤母姜，两斤法曲。

　　以上是酿制的所有原料。糯米应用清水洗干净。完全按照一般方法长时间蒸煮，就不再是半熟饭了。然后加入地黄和生姜，再次蒸制，蒸熟后，将其放入盆中，搅拌成粥状。药粥冷却后，加入曲末，放入通油瓷瓶或是瓮中酿造。把瓮口封住，不再移动。在夏天需要酿造三十天，在秋冬季节需要酿造四十天。酿好之后，饥时则饮，常服尤妙。

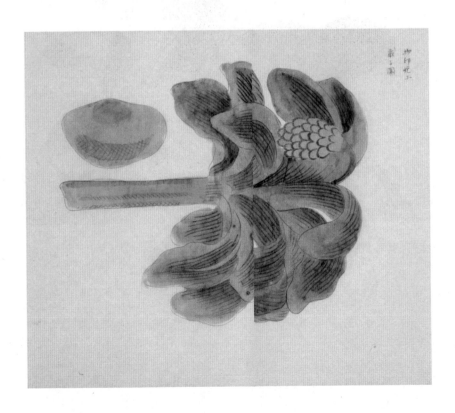

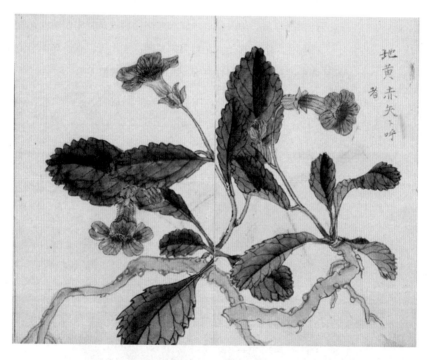

地黄 选自《本草图汇》19世纪绘本　佚名　收藏于日本东京大学附属图书馆

妙理曲法

白面不计多少。先净洗辣蓼，烂捣，以新布绞，取汁，以新刷帚洒于面中。勿令太湿，但只踏得就为度。候踏实，每个以纸袋挂风中，一月后方可取。日中晒三日，然后收用。

【译文】

取些白面，不计多少。先将辣蓼洗净捣碎，用新布绞拧取汁，然后用新刷帚蘸取辣蓼汁水洒于面上。不要太湿，以能压成团为标准。每一块曲饼在压紧后，应装在纸袋里，挂在通风处风干，一个月后取出。在阳光下晒三天，然后就可以使用了。

《蕉林酌酒图》 （明）陈洪绶 收藏于天津市艺术博物馆

时中曲法

　　每菉豆①一斗，拣净水淘，候水清，浸一宿。蒸豆极烂，摊在案上，候冷，用白面十五斤，辣蓼末一升，将豆、面、辣蓼一处拌匀，入臼内捣，极相乳入。如干，入少蒸豆水。不可太干，不可太湿，如干麦饭为度。用布包，踏成圆曲，中心留一眼，要索穿，以麦秆、穰草罨一七日，取出，以索穿，当风悬挂，不可见日，一月方干。用时，每斗用曲四两，须捣成末，焙干用。

【注释】

①　菉豆：即绿豆。

【译文】

　　取一斗绿豆，拣洗净后用水冲洗，待水清澈后浸泡一夜。绿豆要蒸得很烂，摊在案子上放凉，用十五斤白面和一升辣蓼末，把豆、面、辣蓼混合在一起拌匀，放入研钵中捣碎，捣碎后的细末要如同加入了牛乳一样黏稠。如果显干，加入少量蒸豆水。不要太干或太湿，像干麦饭一样为宜。用布包裹压成圆形，在中心留一个洞，这样可以用细绳刺穿，用麦秆、穰草覆盖一到七天，取出并用细绳穿上，挂在阴凉通风处，只需一月即可晾干。使用时，每斗米用四两酒曲，需要将其捣碎烘干后再使用。

《春酣图》

（明）戴进　收藏于中国
台北故宫博物院

《荔枝图》（局部）

（宋）钱选　收藏于中
国台北故官博物院

画面中有挂满枝头，熟
透了的荔枝，颗颗饱满。

《文饮图》卷（局部）
（明）姚绶　收藏于美国纽约大都会艺术博物馆

226

山蓑豆

选自《百花画谱》 ［日］毛利梅园 收藏于日本东京国立国会图书馆

山薐豆

选自《本草图谱》 [日]岩崎灌园 收藏
于日本东京国立国会图书馆

据《留青日札》记载："酿酒用豆也很好，
神农氏用赤小豆加入饮品。因为酒性热，豆
性凉，两者调和效果极佳。今薐豆尤佳。"
这同样也是绿豆用作酒曲的例子。清代著名
酿酒师杨万树在其所著《六必酒经》中提到
用绿豆曲做出来的酒，叫"绿豆酒"，它还
有一个颇有意境的名字："绿珠香液"。

黄庭坚像

选自《历代帝王圣贤名臣大儒遗像》册（清）
佚名 收藏于法国国家图书馆

宋人黄庭坚，称绿豆酒为"醇碧"。还为此
写了《醇碧颂》，在序中，黄庭坚写道："荆
州士大夫家薐豆曲酒，多碧色可爱，而病于
不醇。田子酝成而味厚，故予名之曰'醇碧'
而颂之。"

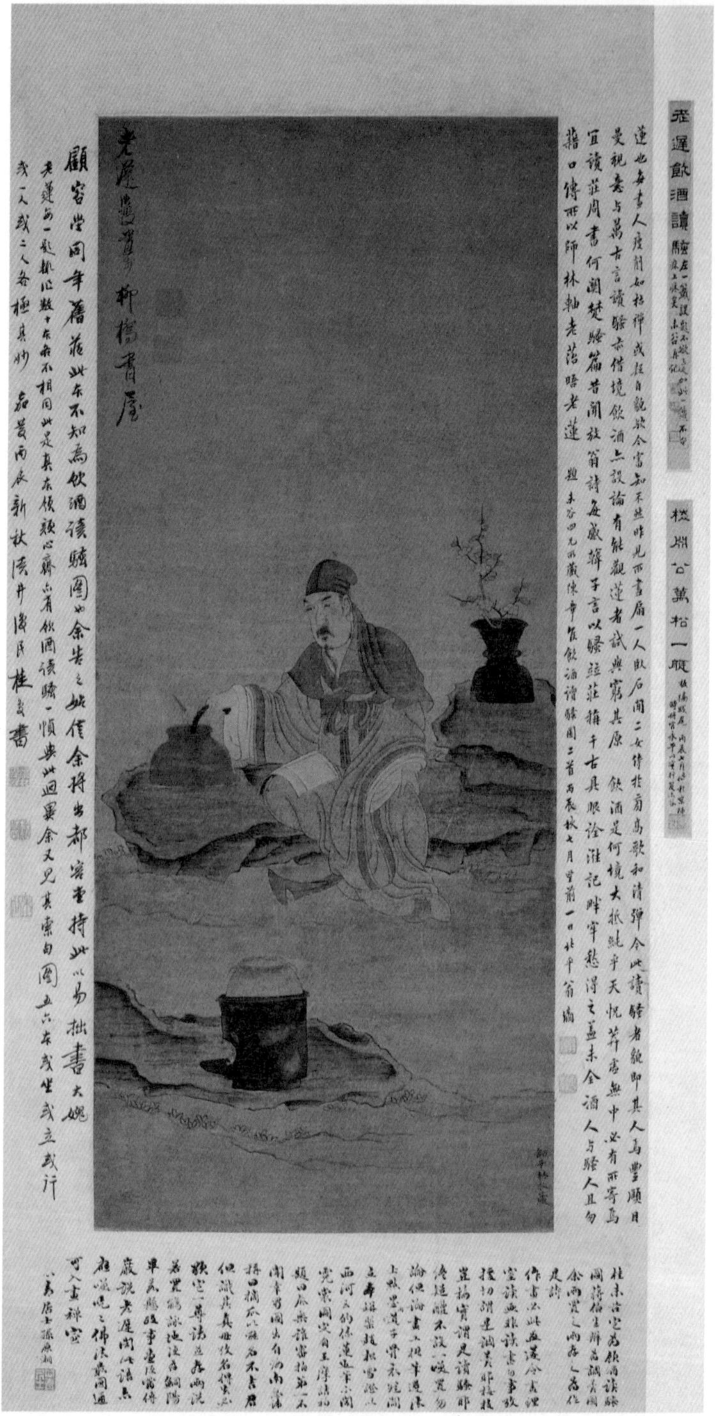

《饮酒骚图》 （明）陈洪绶 收藏于美国加州大学美术馆

古人通过诗句抒发心中对"酒绿"的喜爱：

晋代陶渊明《诸人共游周家墓柏下》："清歌散新声，绿酒开芳颜。"

唐代白居易《问刘十九》："绿蚁新醅酒，红泥小火炉。晚来天欲雪，能饮一杯无？"

唐代杜甫《独酌成诗》："灯花何太喜，酒绿正相亲。"

北宋晏殊《清平乐》："劝君绿酒金杯，莫嫌丝管声催。"

南宋陆游《自适》："家酿倾醇碧，园蔬摘矮黄。"

明代王稚登《新春感事》："红颜薄命空流水，绿酒多情似故人。"

清末王迥《酒趣》："白玉瓶装绿液浆，好酒应留与人尝。几藏杨林终自饮，犹对空瓶嗅酒香。"

《春夜宴桃李园图》（左）
（清）冷枚　收藏于中国台北故宫博物院

《鹿鸣嘉宴图》（右）
（清）谢时臣　收藏于中国台北故宫博物院

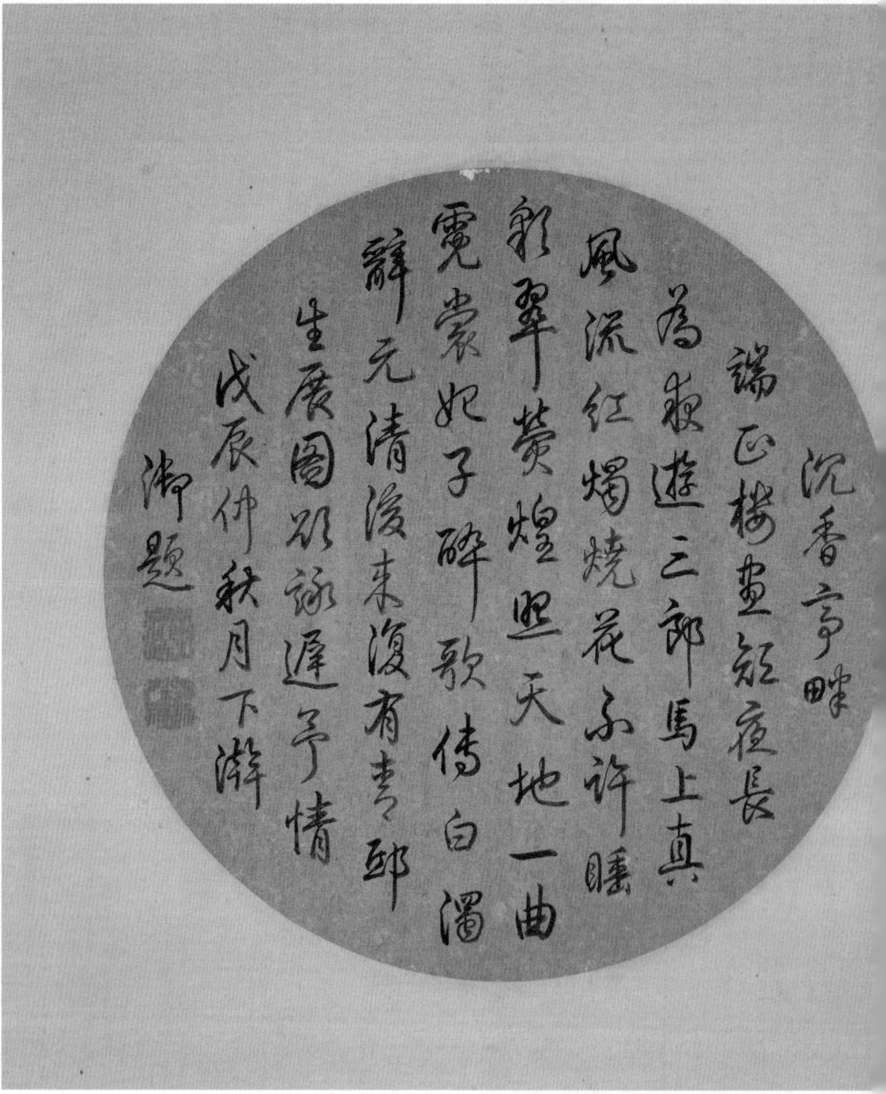

沈香亭畔

端正樓畫短夜長

為藪遊三郎馬上真

風流紅燭燒花不許睡

郭翠黃煌𤏷天地一曲

霓裳妃子醉歌傳白溜

辭元清後來復有青邱

生展圖邪詠遲予情

戊辰仲秋月下澣

御題

《摹宋人明皇夜宴图》　（清）丁观鹏　收藏于中国台北故宫博物院

冷泉酒法

　　每糯米五斗，先取五升淘净，蒸饭，次将四斗五升米淘净，入瓮内。用梢箕盛蒸饭五升，坐在生米上，入水五斗浸之。候浆酸饭浮取出，用曲五两拌和匀，先入瓮底。次取所浸米四斗五升，控干，蒸饭，软硬得所，摊令极冷。用曲末十五两，取浸浆，每斗米用五升拌饭与曲，令极匀，不令成块。按令面平，以曲少许糁面，用盆盖瓮口，纸封口缝两重，再用泥封纸缝，勿令透气。夏五日，春秋七八日。

【译文】

　　取五斗糯米，先取其中五升淘洗蒸成米饭。然后把剩下的四斗五升米洗干净，放进瓮里。用梢箕盛五升蒸饭放在生米上，加入五斗水浸泡。等到米汤变酸饭粒漂浮后取出，与五两酒曲混合，先放在瓮底。然后取出之前浸泡过的四斗五升米，控干水分并蒸成米饭，米饭应该软硬适中，将米饭取出摊开，放至冷却。再加入十五两曲末，又取浸米的浆水，按照每斗米用五升的比例将米饭和曲末混合均匀，不能结块。将曲面压平，并在表面撒上少许曲末，用盆盖住瓮口，然后用两层纸封住瓮口，再用泥封住纸缝，以达到完全封闭的效果。在夏天酿酒需要五天的时间，在春天和秋天酿造则需要七到八天的时间。

清代玉螭纹杯

附录：兰亭之会上的流觞曲水

238

《兰亭集》 ［日］横山喀山 收藏于美国明尼阿波利斯艺术学院

兰亭之会上的流觞曲水

　　北宋著名画家李公麟绘制了一幅名为《兰亭集序图》（也称为《兰亭修禊图》或《兰亭流觞曲水图》）的画作。根据画史记载，在明朝时期，明太祖朱元璋的孙子、周定王朱楠的长子、被世人称为周宪王的朱有燉组织人手将这幅画刻成了端石。然而，原始的《兰亭图》和端石兰亭图石刻现已难以寻觅，只有极少数的拓片得以保存。

《兰亭修禊图》清拓本
（宋）李公麟

明代的周宪王朱有燉，又号为全阳翁和东书堂，是一位博学多才的人，擅长抄写古书碑帖。在永乐十五年（1417年）初，朱有燉刻制完成了一卷名为《兰亭图》的大作。万历二十年（1592年），明益宣王朱翊钤重新将朱有燉的《兰亭图》雕刻在石头上。这次重刻作品中的《兰亭图》只有后半部分，缺少前半卷。从模仿李公麟的《流觞图》开始，接着是孙绰的《兰亭后序》，然后是柳公权的状，米芾的跋，宋高宗的御札两段，朱有燉书写的各家考订兰亭文字的跋文，朱有燉行书的跋文，赵孟頫的《兰亭》十八跋以及明万历二十年明益宣王朱翊钤的跋文。在卷的末尾，有一行小字写着"吴下沈幻文章田摹勒"。

　　这次文人聚会被称为"兰亭修禊"。所谓"修禊"，起源于古代中原周朝时期的一种古老传统。据说古代的先民们在每年农历三月三日的"上巳节"上，会相约亲友到水边洗浴，用来清除前一年积累的晦气和不幸，也被称为"祓禊"。

　　冯承素、赵模等人在贞观年间，奉唐太宗之命，对王羲之的《兰亭诗序》进行了几次钩摹，制作了数本摹本，称之为《兰亭序》《兰

《兰亭图》
（明）仇英　收藏于北京故宫博物院

亭集序》《兰亭前序》《兰亭禊帖》等。
这些摹本备受珍视，被公认为传世中最佳
的摹本，因而被誉为"天下第一行书"。
值得一提的是，王羲之原作的《兰亭诗序》
真本在唐代之后就已经失传。

唐太宗格外钦佩王羲之的书法才华。
贞观二十年（646年），唐太宗下令房玄龄、
褚遂良、许敬宗等人修订《晋书》，并亲
自撰写了《晋书·王羲之传》的历史评论
部分。唐太宗称赞道：他深入研究古今，
钻研篆刻之法，做到了尽善尽美，可谓是
王羲之的非凡才华！他的笔画勾勒工整精
巧，恰到好处，犹如云雾飘散、露水结珠，
形如断而又连、凤凰翱翔、龙蟠盘旋；气
势如斜而又返正。欣赏时不觉得疲倦，阅
读时难以揣摩其深意，心灵崇拜，渴望追逐，
就只有这一个人。其他平庸之辈，根本不
值得一提！

《晋书·王羲之传》记载了《兰亭诗
序》写作之缘由：羲之雅好服食养性，不
乐在京师，初渡浙江，便有终焉之志。会
稽有佳山水，名士多居之，谢安未仕时亦
居焉。孙绰、李充、许询、支遁等皆以文
义冠世，并筑室东土，与羲之同好。尝与
同志宴集于会稽山阴之兰亭，羲之自为之

序以申其志。

这段文字的大意是：王羲之平素钟情于道家的服用药物炼丹以及修身养性。他对京师（即建康）不感兴趣，在初次来到浙江时，便对这里有意长居至老。浙江的会稽山（今天的绍兴市西南兰渚山）景色优美，山水幽静，吸引了众多高人雅士在此居住，谢安在未任官之前也曾居住于此。孙绰、李充、许询、支遁等人以其文章才华闻名于世，并在这里修有住处，他们与王羲之有着共同的志趣和爱好。王羲之曾与几十位同道好友在会稽山北的兰亭举办宴会，兰亭据传说是春秋时越王勾践种植兰草的地方，后来汉朝设立了驿亭，因此得名。在这次宴会上，王羲之亲自为众人的诗集作序言，以此表达自己的感受。

《兰亭曲水图》

［日］曾我翔白　收藏于澳大利亚维多利亚国家美术馆

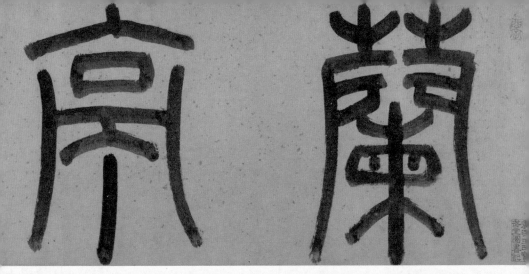

《兰亭修禊图》　（明）钱选　收藏于美国纽约大都会博物馆

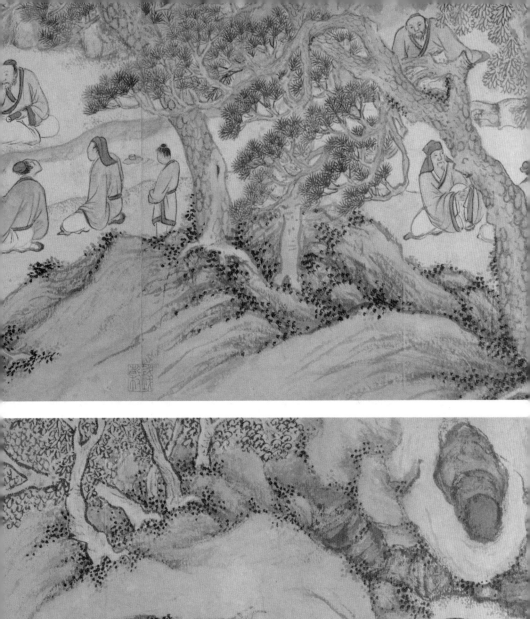

散騎常侍郗曇

主人雖無懷應物貴有尚宣屋邀近

津蕭然心神王數子各言志曽生業娛

清唱令我欣斯遊悒情六轡暢

莊浪濠梁津巢步頷者冥心真

紫陽桓偉

寄千載同歸　四言

烟煴柔風扇興怡和氣滔駕言興

時遊逍遙映通津

王凝之

馳心域表寥寥遠邁理感則一冥然

斯會

頴川庚友

去來悠悠子披褐良足欽超蹟修

川欣投釣得意豈在魚　五言

縱暢任所適回波縈遊鱗千

王彬之

載一觴沐浴陶清塵

楸懷山水蕭然忘羈秀薄頴

郡五官謝繹

踈松籠涯遊羽扇霄鱗躍清池

峙目寄歡心冥二奇　四言

先師有冥藏安用羈世羅未

若保冲真齊契箕山阿

王徽之

俯揮素波仰掇芳蘭尚想佳

客希風永歎　四言

清響擬絲竹班荆對綺蹟零

異所以興懷其致一也後之攬

者亦將有感於斯文 文

三春陶和氣萬物齊一歡明后欣時豐

駕言映清瀾壼德音暢蕭蕭遺世難喤

巖媿脫屣臨川謙揭竿

　　郡功曹魏滂

代謝鱗次忽焉以周欣此暮春和氣

載柔詠彼舞雩異世同流迺攜齊

契散懷一丘　四言

仰視碧天際俯瞰淥水濱寥闐無涯

觀寓目理自陳大矣造化工萬殊莫

不均群籟雖參差適我無非親　五言

五言　王羲之

雖云樂夕歡數理自回

　　潁川庾蘊

在昔暇日味存林領今我斯遊

神怡心靜　四言

嘉會欣時游豁爾暢心神吟詠

曲水瀨淥波轉素鱗　五言

　王宿之

神散宇宙內形浪濠梁津寄

暢酒史歡尚想味古人

　　鎮軍司馬虞說

松竹挺巖崖幽澗謝清流消散

肆情志酣暢豁滯憂

　王玄之

丹崖竦立萼藻暎林淥水揚波

《兰亭序》 （明）祝允明＼书 （明）文徵明＼绘 收藏于辽宁省博物馆

　　永和九年，岁在癸丑，暮春之初，会于会稽山阴之兰亭，修禊事也。群贤毕至，少长咸集。此地有崇山峻岭，茂林修竹；又有清流激湍，映带左右，引以为流觞曲水，列坐其次。虽无丝竹管弦之盛，一觞一咏，亦足以畅叙幽情。

　　是日也，天朗气清，惠风和畅。仰观宇宙之大，俯察品类之盛，所以游目骋怀，足以极视听之娱，信可乐也。

　　夫人之相与，俯仰一世，或取诸怀抱，悟言一室之内；或因寄所托，

放浪形骸之外。虽趣舍万殊，静躁不同，当其欣于所遇，暂得于己，快然自足，不知老之将至。及其所之既倦，情随事迁，感慨系之矣。向之所欣，俯仰之间，已为陈迹，犹不能不以之兴怀。况修短随化，终期于尽。古人云："死生亦大矣。"岂不痛哉！（趣 一作：曲）

每览昔人兴感之由，若合一契，未尝不临文嗟悼，不能喻之于怀。固知一死生为虚诞，齐彭殇为妄作。后之视今，亦犹今之视昔。悲夫！故列叙时人，录其所述，虽世殊事异，所以兴怀，其致一也。后之览者，亦将有感于斯文。

《兰亭修禊图》　（明）沈时　收藏于北京故宫博物院

　　王勃在绍兴的云门山上的献之山亭中，以模仿王羲之的兰亭雅集为目的，举办修禊活动，并创作了《修禊序》。

　　《修禊云门献之山亭序》

　　观夫天下四方，以宇宙为城池；人生百年，用林泉为窟宅。虽朝野殊致，出处异途，莫不拥冠盖于烟霞，披薜萝于山水。况乎山阴旧地，王逸少之池亭，永兴新郊，许玄度之风月。琴台寥落，犹停隐遁之宾；酿渚荒凉，尚遇逢迎之客。仙舟溶裔，若海上之槎来；羽盖参差，似辽东之鹤举。或昂昂骐骥，或泛泛飞凫，俱安名利之场，各得逍遥之地。而上属无为之道，下栖玄邈之风。

　　永淳二年，暮春三月，修被禊于献之山亭也。迟迟风景，出没媚于郊原；片片仙云，远近生于林薄。杂花争发，非止桃蹊；群鸟乱飞，有

逾鹦谷。王孙春草，处处争鲜；仲阮芳园，家家并翠。于是携旨酒，列芳筵，先被禊于长洲，却申交于促席。良谈吐玉，长江与斜汉争流；清歌绕梁，白云将红尘并落。他乡易感，增栖怆于兹辰羁客，何情更欢娱于此日，加以今之视昔，已非昔日之欢。后之视今，亦是今时之会？人之情也，能不悲乎？且题姓字，以表襟怀。使夫会稽竹箭，则推我于东南，昆阜琳琅，亦归予于西北。

《三月上巳被禊序》又称《修禊云门献之山亭序》。《嘉泰会稽志》卷十载，六朝宋时，谢康乐与他的弟弟谢惠连被人尊称为大小谢，曾一同舟行于耶溪，在王子敬山亭上互相对诗。谢灵运和谢惠连合作的诗被刻在了孤潭旁边的树上。

王勃同年秋天再次来到这里，写下了《越州秋日宴山亭序》。

264

《墨笔兰亭图》

（明）王宁甫　收藏于北京故宫博物院

《兰亭图并书序》

（明）许光祚　收藏于北京故宫博物院

卷后有许光祚书《兰亭序》，落款曰：辛亥暮春摹于长水之玉瑛堂。关西许光祚。

　　《兰亭图并书序》以山水为背景，描绘了兰亭修禊的故事。

　　卷首，有两位文士带着三个童子来到山脚下，他们沿着溪水前行，来到一座亭子。亭子的中间放着一张桌子，有一位文士坐在桌子前挥毫弄笔，另一位文士坐在一边的凳子上，靠着栏杆观赏着鹅。溪流两岸绘着许多文士和童子，他们分成不同的小组坐着，或者思考，或者交谈，或者观景，或者挥毫。其中一位文士裸露着上身盘腿而坐，双手高举，看起来像在修炼内气。另外两位文士在互相敬酒，非常生动。溪流中漂浮着荷叶，托着酒杯顺流而下。

　　尽管整幅画整体上延续了宋元时期以来兰亭雅集图中观赏鹅和岸边赋诗的构图方式，但从人物的服饰、姿态以及数量来看，画家更像是描绘了明代文人模仿王羲之等人在兰亭雅集时的情景，而不是真实再现当时的原貌。

人物形象线条简洁而严谨，色彩淡雅，山石轮廓使用侧笔皴擦的技法，整体画面工整而柔和。

许光祚是明代万历年间人，字灵长。他与汤焕是同郡，从汤焕那里学习了书法，当时人们号他为"汤许"。他在乡里有很高的声望，被任命为太平县的知县，并且著有《许灵长集》。虽然有他的书法作品流传至今，但在文献中并没有提到他还会作画。

《兰亭记》
［日］佚名　收藏于美国印第安纳波利斯艺术博物馆

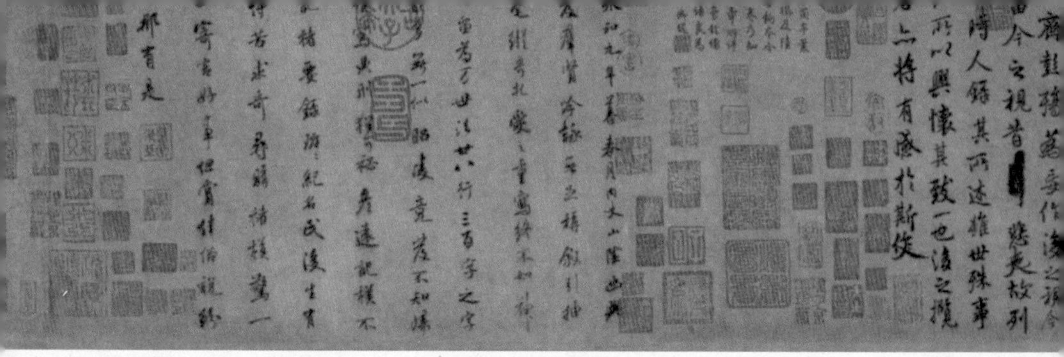

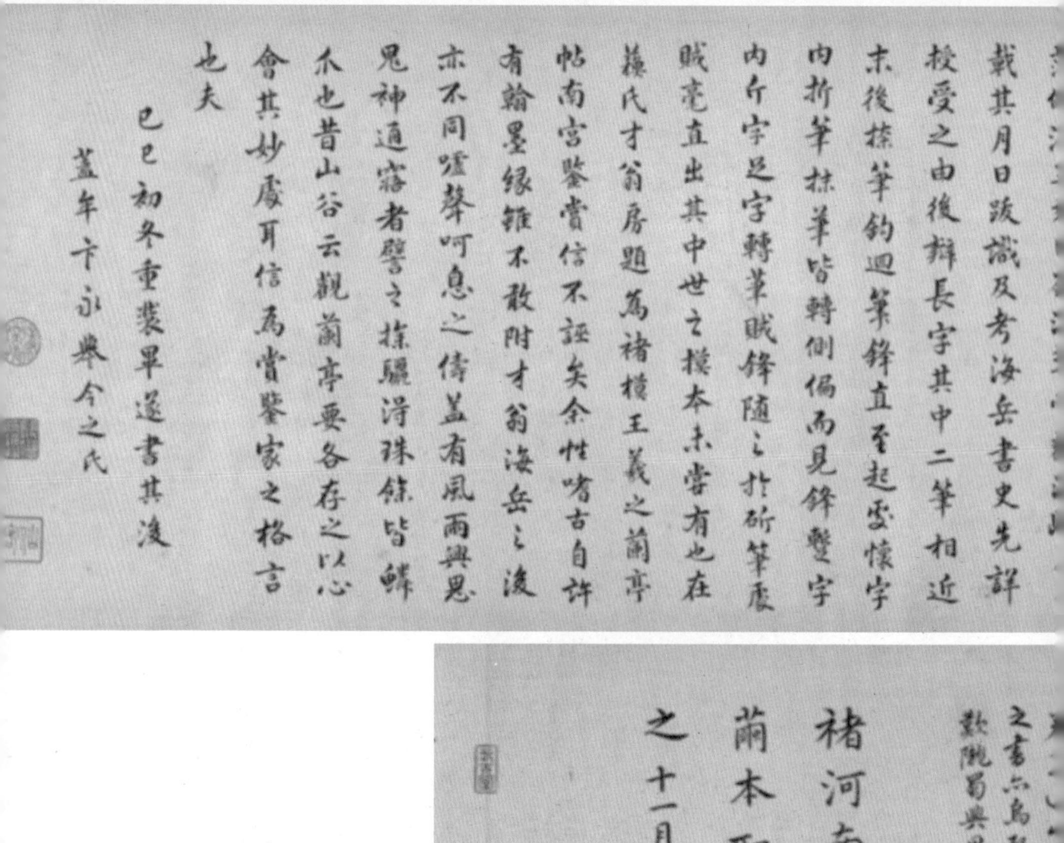

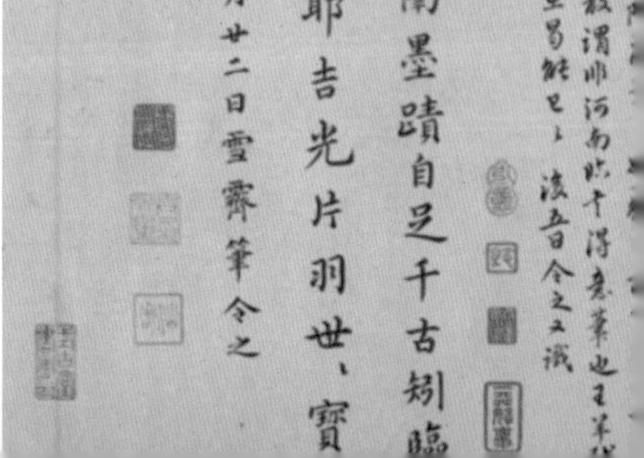

《兰亭集序米芾诗题本》
（唐）褚遂良　收藏于北京
故宫博物院

褚河南墨蹟自足千古刼臨

蘭本耶吉光片羽世、實

之十一月廿二日雪齋筆令之

之书六鳥敬谓邪河南此十浮華也之

歐阮蜀興里蜀能巳之後百合之誠

戴其月日跋識及考海岳書史先詳

授受之由後辯長字其中二筆相近

末後捺筆鈎迴筆鋒直至起雲懷字

內折筆捺筆皆轉側偏而見鋒聲字

內亇字足字轉筆筆鋒隨之乍斫筆震

賊毫直出其中世之搨本未嘗有也在

襄氏才翁房題為褚橫王羲之蘭亭

帖南宮鑒賞信不誣矣余性嗜古自許

有翰墨緣雖不敢附才翁海岳之後

亦不同�呵息之傳盖有鼠兩與思

毘神通審者譬之搛驪浮珠餘皆蝶

不也昔山谷云親蘭亭要各存之以心

會其妙慶耳信為賞鑒家之格言

也夫

巳巳初冬重裝畢遂書其後

盖年卞永興今之氏

邪言之

永和九年歲在癸丑暮春之初會
于會稽山陰之蘭亭脩禊事
也群賢畢至少長咸集此地
有崇山峻領茂林脩竹又有清流激
湍映帶左右引以為流觴曲水
列坐其次雖無絲竹管弦之
盛一觴一詠亦足以暢敘幽情
是日也天朗氣清惠風和暢仰
觀宇宙之大俯察品類之盛
所以遊目騁懷足以極視聽之
娛信可樂也夫人之相與俯仰
一世或取諸懷抱悟言一室之內
或因寄所託放浪形骸之外雖
趣舍萬殊靜躁不同當其欣
於所遇暫得於己快然自足不
知老之將至及其所之既惓情
隨事遷感慨係之矣向之所欣
俛仰之間以為陳迹猶不
能不以之興懷況脩短隨化終

為伯仲是寫是為稀世之珍此僊以及此
諸者正之之道人民甞家藏諸本今皆歸焉
書乃僅射對河南和公子書

　　蜀陳敬宗記

原蘭亭之始拓本拓於隋之間皇間唐文
皇見拓本求真逆逆乃出命廷臣臨
摹分賜遣偏真者淳歐陽本刻實中
禁即宋世所謂定武者也貞觀末繭
紙入昭陵不可復觀惟賴唐賢摹臨
摹本而褚書尤表高自唐迄今代有
翻刻聚訟之說皆論定武與南宗諸拓
本非論墨靖也余所得褚臨此卷筆力
道勁風神洒落可稱神遊化境不可里

唐太宗命褚河南臨摹禊序
分賜諸臣進上之外必有省齋
自臨別本其進上惟恐不肖則
規規摹仿法勝於意自臨別本
則心閒手敏意勝於法余觀
唐宗來臨摹者夥矣未有若
此卷臨寫之神妙者信為以手
俱化得意之筆耳
矣余前日風日晴暖窗明几淨潑墨道
倩葉志之僊客永譽

三春閣宴集序
萬殊齊一散
明召敬序雁
寫言瞭清闕
豈三德軒
豐暇慨脫綻
興唱幌脫綻
臨川祈悅澤

信陳軍王義之

代謝鱗次寥為以周
暴閒無渡寫冒理目陳
大矢造泄功萬殊兼不均
詠倘舞寒異世同澤
延勢兩異欺漂桿丘

即視君天浮洲睽浮永漬
晴雨雅象羞羞我無非觀

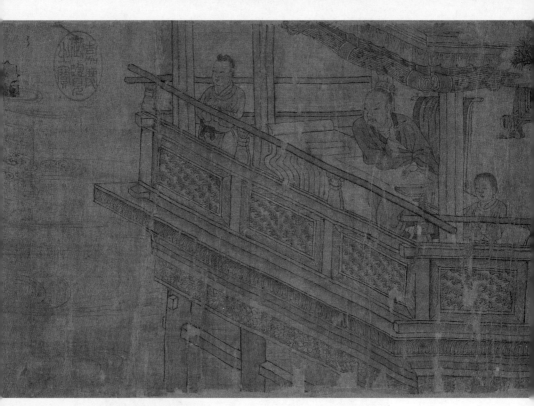

◀《摹顾恺之兰亭谶集图》

（宋）郭忠恕　收藏于中国台北故宫博物院

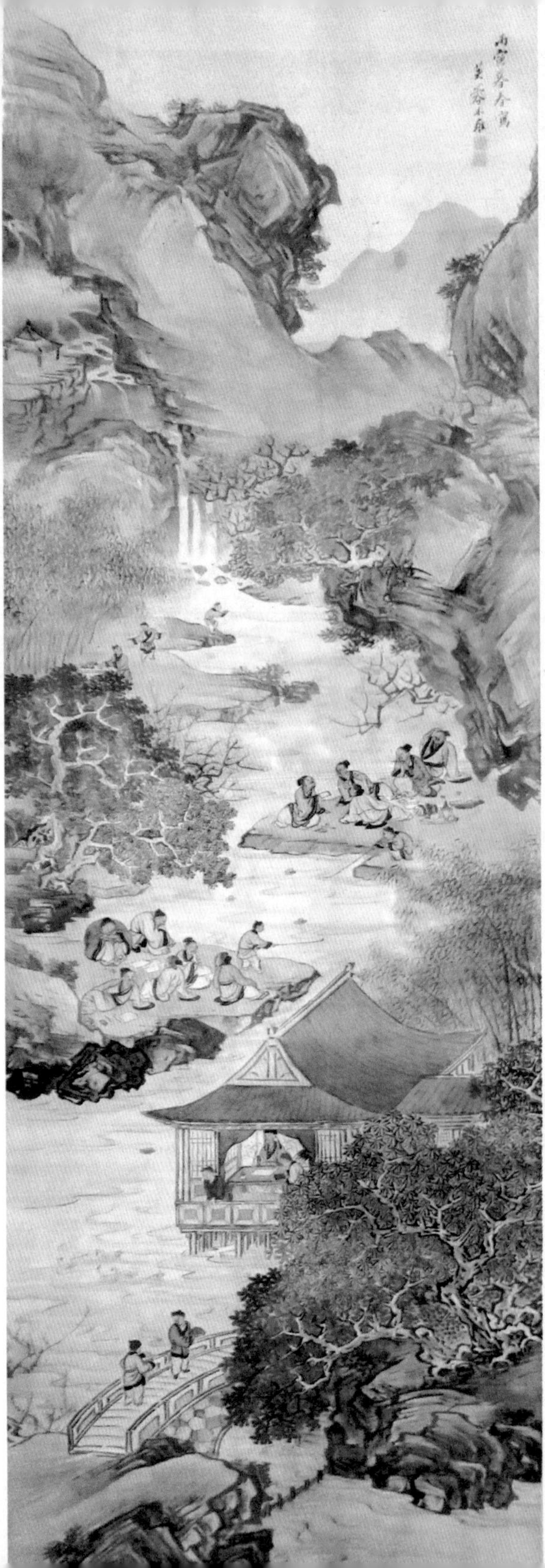

　　孙绰所著的《三月三日兰亭诗序》长期以来一直被认为是为东晋永和九年（353 年）三月三日兰亭雅集所写的后续文章。然而，通过研究相关地理文献，详细比对孙绰的《三月三日兰亭诗序》《三月三日诗》和王羲之的《兰亭序》以及参与兰亭雅集的其他文人所写的《兰亭诗》发现，孙绰的这篇序文实际上并非与永和九年的兰亭集会有关，而是为另一次上巳修禊活动所撰写的序文。

　　孙绰《三月三日兰亭诗序》：古人以水喻性，有旨哉斯谈！非以停之则清，混之则浊邪？情因所习而迁移，物触所遇而兴感，故振辔于朝市，则充屈之心生；闲步于林野，则辽落之志兴。仰瞻羲唐，遂已远矣，近咏台阁，顾深增怀。为复于暧昧之中，思萦拂之道，屡借山水，以化其郁结，永一日之足，当百年之溢。以暮春之始，禊于南涧之滨，高岭千寻，长湖万顷，隆屈澄汪之势，可为壮矣。乃席芳草，镜清流，览卉木，观鱼鸟，具物同荣资生咸畅。于是和以醇醪，齐以达观，决然兀矣，焉复觉鹏鷃之二物哉！耀灵纵辔，急景西迈，乐与时去悲亦系之。往复推移，新故相换，今日之迹，明复陈矣。原诗人之致兴，谅歌咏之有由。

《兰亭曲流》

［日］铃木芙蓉　收藏于美国火奴鲁鲁艺术学院